ZÜNDAPP

MOTORRÄDER DIE GESCHICHTE MACHTEN

FRANK RÖNICKE

Motor
buch
Verlag

Einbandgestaltung: Luis dos Santos unter Verwendung von Motiven aus dem Archiv des Autors.

Bildnachweis: Archiv Frank Rönicke, Günter Sengfelder, Alexander Kartschall, Mario Nussbaumer, Jean Neef, Rainer Ullrich, Stefan Schader, Brandy-911, TS Basti, Streetjump, Jonny GTS, MucKy91, Hofmann Motorsport, Alf van Reem, Stoye Seitenwagenbau, Edward Koshchenets, VAPE spol. Sr.o., Darrel Spinosi © bmwmca.org, Saoutchic, Simon Der 442ler, Lukas Dorfner, OK Team Classic

ISBN: 978-3-613-04272-8

1. Auflage 2020

Sie finden uns im Internet unter www.motorbuch-verlag.de

Lektorat: Joachim Kuch
Innengestaltung: Anna Kurz, tebitron gmbh, Gerlingen
Druck und Bindung: Conzella, 85609 Aschheim-Dornach
Printed in Germany

Inhalt

Vorwort

Rund 400 Motorradhersteller tummelten sich in den 1920er Jahren in Deutschland, gut 50 waren es nach dem Zweiten Weltkrieg. Darunter sehr berühmte Marken, die heute allenfalls noch an Fahrradrahmen oder auf fernöstlichen Einheitsrollern kleben. Und was blieb sonst? Viel BMW, ein bisschen Horex. Und einen Mythos, der Zündapp heißt. Woran mag es liegen, dass man in Gedanken an den deutschen Motorradbau ganz schnell auf diese bayrische Marke stößt? Sicher, es ist auch der sehr markante Name. Aber das ist längst nicht genug.

»Zündapp«, das stand im Ersten Weltkrieg, als die Firma in Nürnberg gegründet wurde, für Zündapparate, einen Zweig der Kriegsproduktion jener Jahre. Nach diesem Krieg verlegte sich Zündapp – wie manch anderer Rüstungsproduzent auch – auf den Bau von Motorrädern. Als »Motorrad für Jedermann« wurden die Maschinen schnell über Franken hinaus bekannt, was an der von Anfang an hoch gehaltenen Qualität von Material und Montage lag, die Zündapp bis zum letzten Eingang-Mofa 1984 beibehielt. Diese Qualitäten ließen das Nürnberger Unternehmen zu einer Weltmarke werden.

Mit den dazu passenden Motorrädern natürlich. Den Ikonen auf der einen Seite – K 800, KS 600, der »Kriegselefant« KS 750 oder der »Grüne Elefant KS 601« standen Brot- und Buttermodelle wie Derby, Norma und Trophy gegenüber. Allein das »Überschwere Wehrmachtskrad mit angetriebenem Seitenwagenrad« KS 750 gehört heute zu den größten Legenden des deutschen Motorradbaus überhaupt.

Und mit den Bella-Motorrollern, die damals zu den schönsten und fortschrittlichsten Konstruktionen auf dem Rollermarkt zählten, gewann Zündapp ein neues Publikum, das sich für die Marke und deren Fahrzeuge begeisterte.

Als der Motorradbau beendet worden war, waren es jene zehntausende von Fahrern und Fahrerinnen, die auf ihren 50ern das Markenimage weitertrugen. Ob nun eine einfache Combinette oder die hoch gelobten KS 50 mit Wasserkühlung: In jedem Bereich gehörte Zündapp zu den Marktführern in der Bundesrepublik Deutschland und der westlichen Welt. Und nicht wenige verbinden heute die Marke Zündapp überhaupt nur mit jenen Fahrzeugen der Schnaps-

glas-Klasse, weil diese stückzahlenmäßig am meisten verbreitet waren und weil sich gestandene Männer heute gerne wieder an dieses Stück ihrer Jugend erinnern.

Dazu kamen auch die in den 60er und 70er Jahren rasant steigenden Verkaufszahlen von Mofas, Mokicks und Kleinkrafträdern, die eine blendende Zukunft verhießen und einige Zündapp-Manager in wohligen Halbschlaf versetzten. Aus dem erwachten sie dann Ende der 1970er Jahre auf äußerst unsanfte Weise, nachdem die Verkaufszahlen der Kleinkrafträder in den Keller rutschten und auch Mofas – bedingt durch neue Führerscheinregelungen – nicht mehr grenzenlos absetzbar waren. Als man sich dann auf den neuen Markt der 80-cm^3-Leichtkrafträder retten wollte, war der schon von den Japanern mit attraktiven und preiswerten Modellen besetzt. 1984 war dann Schluss – dem Jahr, in dem Zündapp seinen ersten und einzigen Straßenweltmeistertitel holte.

Im Geländesport hingegen – und das bleibt nachzutragen – war Zündapp jahrzehntelang eine Macht. Ungezählte deutsche und internationale Meistertitel zeugen davon und der dreimalige Gewinn der Six-Days-Trophy durch eine reine Zündapp-Mannschaft sowieso.

Ich bedanke mich bei Michaela Hesslinger, Igersheim, für die Unterstützung bei der Textgestaltung. Mein ganz besonderer Dank gilt Günter Sengfelder, Oberasbach, der mir mit nie ermüdender Geduld bei der Bildauswahl zur Seite stand und ohne den dieses Buch nie zustande gekommen wäre. Und natürlich muss an dieser Stelle auch an Siegfried Rauch erinnert werden, den großen Chronisten der Zündapp-Geschichte, der viele der hier auftretenden Akteure noch persönlich kannte und aus seiner aktiven Zeit als Motorrad-Konstrukteur und später Journalist viele technische Entwicklungen und Details hautnah miterlebte.

Frank Rönicke

TEIL 1
Die Zündapp-Motorräder bis 1945

TOKAJ—RAKAMAZ
28Km

Kapitel 1: Fritz Neumeyer startet durch

Am 10. September 1875 wurde im oberfränkischen Egloffstein Friedrich (Fritz) Neumeyer als Sohn des Revierförsters Georg Neumeyer geboren. Nach dem Besuch der Gemeindeschule absolvierte er zwischen 1886 und 1890 die Städtische Handels- und Realschule in Nürnberg und trat 1890 als kaufmännischer Lehrling in die »Nürnberger Armaturenfabrik vorm. Hilpert« und damit in die Metallindustrie ein. Hier bewies er bald darauf so viel Weitblick, dass sein Unternehmen ihn, den Zwanzigjährigen, in die Zweigstelle nach Zürich versetzte. Zwei Jahre später gründete er dort sein erstes eigenes Unternehmen, das sich mit sanitären Einrichtungen beschäftigte.

Nürnberg als unternehmerische Heimat

1903 begann er seine eigentliche industrielle Laufbahn: Er erwarb die in Konkurs geratene Spiel- und Metallwarenfabrik Köllisch in Nürnberg und gründete die Metallwarenfabrik Fritz Neumeyer. Neumeyer war ebenso ideenreich wie vielseitig – und weitsichtig, denn er erkannte schon früh die zunehmende Bedeutung von Verkehr und Nachrichtentechnik. Seinen hochfliegenden Plänen setzten zunächst die beschränkten finanziellen Mittel Grenzen. Der Erwerb der Firma Köllisch erfolgte zwar durch Vermittlung seines Onkels Hans Neumeyer, der bei einer Nürnberger Bank Direktor war, doch den Aufbau seiner Firma finanzierte Fritz Neumeyer in erster Linie mit eigenen kleinen Ersparnissen und denen seiner verwitweten Mutter.

Gründete Zündapp und andere Unternehmen: Friedrich »Fritz« Neumeyer.

Fritz Neumeyers erster Betrieb in Nürnberg, Haslerstraße/Ecke Gibitzenhof.

Zunächst beschränkte sich der frischgebackene Firmenbesitzer Neumeyer (der schon nach verhältnismäßig kurzer Zeit 40 bis 50 Arbeiter beschäftigte) auf die Fertigung eines Teils der von Köllisch hergestellten Artikel. In der Hauptsache handelte es sich dabei um Spielzeug-Dampfmaschinen und -Eisenbahnen, Laterna Magicas, Taschenfeuerzeuge und Drehbleistifte – typische Erzeugnisse der Nürnberger Spielzeugindustrie eben.

Neumeyer als Automobilzulieferer

Bald schon genügte ihm das nicht mehr, Neumeyer setzte auf eine wachsende Nachfrage nach Gegenständen des technischen und industriellen Bedarfs. Seine Rechnung ging auf, wobei ihm ein glücklicher Umstand zu Hilfe kam: Wegen der Fabrikation von Drehbleistiften hatte er sich mit Verfahren zur Herstellung von Messingrohren befassen müssen und eine neuzeitliche Rohrzieherei für die Herstellung nahtloser Messingrohre eingerichtet. Nun waren in der Frühzeit des Automobils die sogenannten Röhrchenkühler gang und gäbe, was lag also näher, als Messingrohre auch für Automobilkühler herzustellen. Darüber hinaus nahm er auch die Produktion von gepressten Automobilrädern auf.

Die Fertigung der nahtlosen Kühlerrohre entwickelte sich schon in den ersten Jahren sehr gut, nachdem Aufträge der englischen Kühlerfabrik Serck Radiators das Geschäft angekurbelt hatten und bald auch Bestellungen aus St. Petersburg folgten. Schließlich wurde die emporblühende deutsche Automobilindustrie zur Hauptabnehmerin.

Wenige Jahre nach ihrer Gründung war Neumeyers Firma ganz von der Herstellung von Spielwaren abgekommen und fertigte nur noch Messinghalbzeug; neben Rohren und Kühlerröhrchen auch komplette Kühler für Motorfahrzeuge und für Flugzeuge, außerdem Ballastwasser-Gewinner für Luftschiffe sowie Stanz- und Ziehteile aus Messing. Sein Werk hatte sich damit im Wesentlichen zu einem Rohrzieh- und Stanzwerk entwickelt.

Zu Fritz Neumeyers ersten Produkten zählte diese Laterna Magica, ein damals sehr beliebter Vorläufer von Dia- und Filmprojektoren.

In einem Röhrchenkühler steckten bis zu 1500 Meter feinstes, in kurze Stücke gesägtes Messingrohr.

Während des Ersten Weltkrieges verließen solche Geschosshülsen aus Messing täglich zu Tausenden das Neumeyersche Werk.

Der Erste Weltkrieg

Bald nach dem Ausbruch des Ersten Weltkriegs 1914 zeigte sich ein großer Mangel an Artillerie-Kartuschen. Fritz Neumeyer erhielt als einer der ersten bayerischen Industriellen Aufträge für die Herstellung von Messingkartuschen. Mit den vorhandenen Einrichtungen, die durch schwere Pressen ergänzt wurden, stellte Neumeyer Kartuschen aus Messing und warmgepresste Geschossmäntel aus Stahl her, daneben auch Zündhütchen aus Kupfer und Tombak.

1916 wurde Fritz Neumeyer nach Berlin gerufen, man legte ihm nahe, sein Werk zu vergrößern, um den Ausstoß an Kartuschen und Pressgeschossen für das Kaiserliche Heer zu vervielfachen. Das führte zur Errichtung eines neuen Werks in Nürnberg-Herrnhütte und die Umwandlung der Firma in eine AG: Generaldirektor der Fritz Neumeyer Aktiengesellschaft, Nürnberg, wurde ihr Gründer. 1917 begann die Herstellung von Kartusch-Hülsen aus Stahl.

Damals wurden in Fritz Neumeyers Werken täglich etwa 45.000 Kartuschen und 12.000 Pressgeschosse hergestellt. Etwa 1600 Arbeiter und Angestellte standen auf der Lohnliste.
Nach dem Ersten Weltkrieg mussten die Maschinen, die der Rüstungsproduktion gedient hatten, zerstört werden. Bestehen blieben die neugebauten Anlagen in Nürnberg-Herrnhütte und solche Maschinen, die nicht als Sondermaschinen der Rüstungsindustrie betrachtet wurden.

Nach 1918: Neue Produkte für eine Friedensfertigung

Auf dieser Grundlage erfolgte ab 1919 der Aufbau eines Halbzeugwerks durch Errichtung einer Metallgießerei und die Aufstellung von Strang- und Rohrpressen. Das Fabrikationsprogramm umfasste nun außer Stangen, Drähten und Rohren auch gewalzte Bleche und Bänder. Dr. Singer, ein Vetter des Generaldirektors, entwickelte im Neumeyerschen Betrieb das dann nach ihm benannte Rohrpress-Verfahren, mit dem Rohre nicht mehr kalt aus Messingscheiben gezogen, sondern auf mechanischen Pressen aus angewärmten Rundbolzen gepresst wurden. Dieses im In- und Ausland vielfach patentierte Verfahren bedeutete einen großen technischen und wirtschaftlichen Fortschritt, da es nun gelang, aus massiven angewärmten Blöcken Rohre bis zu 10 m Länge in einem einzigen Arbeitsgang von wenigen Sekunden zu pressen.
Die Erfahrungen beim Pressen von Nichteisen-Metallen führten schließlich zu dem Verfahren des Warmpressens von Stahlrohren – eine Entwicklung, deren Rechte von den Mannesmannröhren-Werken übernommen und ausgewertet wurde. Auch die Entwicklung des Fließpressverfahrens kann der Initiative von Fritz Neumeyer zugeschrieben werden.
Adolf Liebergeld, Assistent von Dr. Singer, formte bei Neumeyer zum ersten Mal Stahl kalt nach dem Fließpressverfahren. Amerikanische Fachleute bezeichneten damals das Kaltfließpressverfahren als eine der großen Erfindungen des zwanzigsten Jahrhunderts.

Drähte, Kabel, Leitungen

Als die Hackethal Draht- und Kabel-Werke AG, Hannover, an Fritz Neumeyer mit der Anregung herantrat, mit ihm gemeinsam in Nürnberg ein Kabelwerk zu errichten, stimmte er nach gründlicher Planung zu. Schließlich schien klar, dass bei der sich so rasch ausdehnenden Elektroindustrie ein Werk, das Drähte, Kabel und isolierte Leitungen herstellte, beste Zukunftsperspektiven haben

Die Palme auf der Werbung von Neumeyers Kabelwerken sollte für den Export in die entferntesten Länder der Welt stehen.

würde. So entstand 1920 die Kabelwerk Nürnberg AG, wo die Fertigung im Jahre 1921 in den von Neumeyer mietweise überlassenen Werkshallen begann. Um die neugegründete Firma auf eine breitere Grundlage zu stellen, wurde sie im Jahr 1922 mit dem Nürnberger Metallwerk der Fritz Neumeyer AG vereinigt. Seitdem wurde die Firma unter dem Namen »Kabel- und Metallwerke Neumeyer AG« betrieben und avancierte zu einem der bedeutendsten Unternehmen der Nürnberger Industrie.

ZÜNDAPP entsteht

Schon 1917 hatte Neumeyer außerdem in Gemeinschaft mit der Friedr. Krupp AG in Essen und der Uhren- und Werkzeugmaschinenfabrik Gebrüder Thiel in Ruhla/Thür. die »Zünder- und Apparatebaugesellschaft m.b.H.«, Nürnberg gegründet. Nach dem Ausscheiden der Firma Krupp und Thiel ging 1919 diese Firma in den Alleinbesitz von Fritz Neumeyer unter gleichzeitiger Umfirmierung in »ZÜNDAPP-Gesellschaft für den Bau von Spezialmaschinen m.b.H.« über. Zunächst wurden die verschiedensten Artikel, wie Schreib-, Licht- und Anlassermaschinen für Automobile, blanke Schrauben, Muttern usw. fabriziert. Auch ein Kettengeflecht-Automat, für die damals in Mode gekommenen Kettengeflecht-Damenhandtaschen, gehörte dazu. Die beiden Mustermaschinen fanden den vollen Beifall des Bestellers, waren aber zu kompliziert und zu teuer.

In der Nürnberger Moltkestraße entstand die Zünder- und Apparatebaugesellschaft m.b.H, der Ursprung der späteren Zündapp-Werke.

Ein zweites Standbein in München

Zum weitgefächerten Unternehmenskomplex gehörten für Neumeyer aber auch Aufgaben, die ihre Basis in München hatten. Hier war im Jahre 1915 von der Firma Friedr. Krupp in Essen, die »Bayerischen Geschützwerke Friedr. Krupp K.G.« in München-Freimann entstanden, um die bayerische Armee mit Artilleriematerial zu versorgen. Fritz Neumeyer war Mitbegründer und Kommanditist der Gesellschaft, in deren Münchner Betrieben bei Kriegsende 1918 etwa 3000 Mitarbeiter tätig waren. In den ausgedehnten Betriebsanlagen des »Freimann-Werks« wurden danach zunächst Schlepper für die Landwirtschaft gebaut und Lokomotiven für die Reichsbahn repariert. Nach dem Erwerb der Gothaer Turbinenfabrik Briegleb, Hansen & Co. und mit einer Beteiligung der Gutehoffnungshütte begannen im Jahre 1922 die Vorarbeiten zur Großturbinenfertigung für den geplanten Ausbau der Wasserkraftanlagen in Süddeutschland. Außerdem wurden in sehr großem Umfang Turbinen auf den Balkan, nach Spanien und Südamerika exportiert.

Der Kettengeflecht-Automat zur Handtaschenfertigung wurde im März 1921 in nur zwei Exemplaren gebaut und ausgeliefert.

Kapitel 2: Das Motorrad für Jedermann: Die Jahre 1921 bis 1931

Ein Besuch der Berliner Automobil- und Motorradausstellung 1921 brachte Fritz Neumeyer auf den Gedanken, selbst den Bau von Motorrädern aufzunehmen. Nach eingehenden Versuchen erschien im Oktober 1921 das erste Zündapp-Motorrad als getriebelose Maschine mit 2,25 PS leistendem 211 cm^3 Zweitakt-Motor und Riemenantrieb. Besonderen Wert legten seine Erbauer darauf, eine möglichst handliche und leicht zu fahrende Maschine zu schaffen, denn diese erste Zündapp »Z 211« sollte ihre Laufbahn unter dem Motto »Das Motorrad für Jedermann« beginnen.

Z 22, Z 2 G und Z 249

Um die Entstehung der ersten Zündapp-Motorräder Ende 1921 ranken sich Legenden. Fakt ist, dass es sich bei den im Oktober unter der Bezeichnung »Z 211« vorgestellten Maschinen um originale englische Levis-Modelle handelte, die nur umlackiert und mit dem Zündapp-Schriftzug versehen worden waren. Ob Fritz Neumeyer bei einer Studienreise in England diese Maschinen kennenlernte und sie als Vorbild für die eigene Motorradproduktion nahm, oder ob er sie auf der Berliner Ausstellung gesehen hatte, oder ob gar Firmendirektor Bayer und dessen Mitarbeiter auf die Idee mit den Levis-Maschinen kamen, kann heute nicht mehr eindeutig belegt werden. Sicher ist nur: Im Verlaufe des Jahres 1922 konnte die Maschine komplett in Eigenregie in Nürnberg gefertigt werden und wurde dann unter der Bezeichnung »Z 22« ausgeliefert.

Diese erste Zündapp wies einen außergewöhnlich niedrigen, mit dem Oberrohr ganz leicht zum Lenkkopf hin geneigten zweidimensionalen Rohrrahmen auf. Dieser war unten offen, mufft und hartgelötet worden. Die Führung des Vorderrads (mit »Hochdruckbereifung«, wie das damals hieß) übernahm eine sogenannte »Druidgabel« (Trapezgabel), verzögert wurde, wie damals üblich, über eine Felgenbremse. Das Hinterrad wies die gleichen Dimensionen auf wie das Vorderrad, war selbstverständlich ungefedert und verfügte über eine Riemenfelge. Die Kraftübertragung erfolgte vermittels Riemen, die Fußbremse war als Klotzbremse ausgebildet. Ein kastenförmiger Einstecktank und ein dem damaligen Standard entsprechender, nicht besonders komfortabler Ledersattel vervollständigten das äußere Bild. Der Lenker war hochgezogen, einen Scheinwerfer gab's nicht serienmäßig. Der nachträgliche Anbau einer Azetylen- oder (noch in Ausnahmefällen) einer dynamoelektrischen Beleuchtung blieb, wie damals üblich, dem Kunden überlassen.

Das erste Zündapp-Motorrad mit der Bezeichnung Z 22 war eine detailgenaue Kopie der englischen Levis 211.

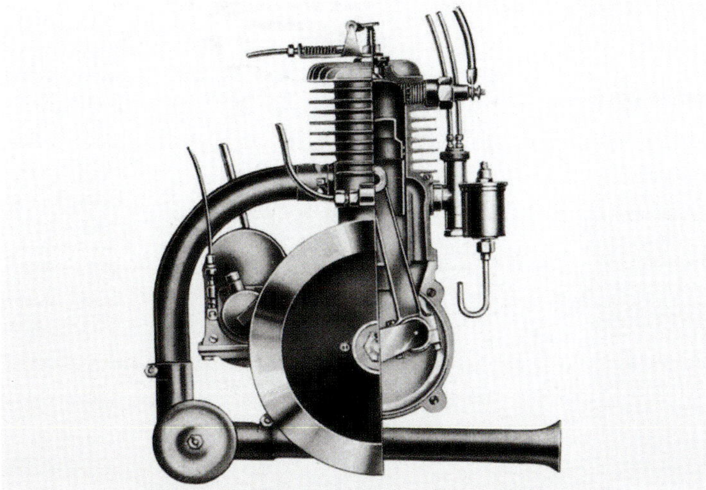

Das Schnittmodell des Z 22-Motors zeigt u.a. den Nasenkolben, das Dekompressionsventil im Zylinderkopf, den vorn angesetzten Standmagnet und den Anschluss für die Frischölzufuhr am Zylinder.

Eine Z 2 G mit optionaler Ballhupe und ebensolcher (zu dieser Zeit noch äußerst seltenen) elektrischen Beleuchtung.

In diesem Fahrwerk hing der Motor, dessen verrippter Grauguss-Zylinder mit dem Zylinderkopf ein Stück bildete. Außerhalb des relativ kleinen Kurbelgehäuses befand sich eine große, für den ruhigen Lauf wichtige Stahlschwungscheibe, an der die kleine Riemenscheibe für den direkten Antrieb des Hinterrades über Keilriemen sorgte; ein Wechselgetriebe hatte die Z 22 ebenso wenig wie eine Anwerfvorrichtung. An der gegenüberliegenden Gehäuseseite lief in einem separaten Gehäuse eine Kette, die den vor dem Motor sitzenden Standmagnetzünder antrieb. Ein Kolbenschieber-Vergaser lieferte das benötigte Kraftstoff-Luftgemisch, aber im Gegensatz zu den meisten Konkurrenz-Zweitaktern arbeitete der Motor nicht mit Mischungsschmierung, sondern mit halbautomatischer Frischölschmierung mittels einer Handpumpe. Das Tankvorderteil war deshalb als Ölbehälter ausgebildet. Ein kleiner trommelförmiger Auspufftopf unten vor dem Motor genügte angesichts der relativ bescheidenen Leistungsausbeute für eine ausreichende Schalldämpfung. Die Spitzengeschwindigkeit wurde mit 57 km/h angegeben, was eher untertrieben war. Noch im Laufe des Jahres 1922 bot Zündapp das Modell Z 2 G an, eine Z 22, ausgerüstet mit einem starterlosen Zweiganggetriebe, das auch nachträglich in Z 22-Modelle eingebaut werden konnte. Als 1923 eine neue Zündapp mit Dreiganggetriebe und 249-cm^3-Motor erschien, konnte diese Kombination auf Wunsch auch in die Z 22 verbaut werden, die Typenbezeichnung lautete dann »Z 249«.

Noch im Verlaufe des Jahres 1922 konnte die Z 22 wahlweise auch mit einem Zweiganggetriebe geliefert werden. Das Modell hieß nun »Z 2 G«.

Die Z-Modelle im Überblick

Z 22	**1921-1924**	**10.000 Stück (mit Z 2 G)**
1-Zyl.-2-Takt	211 cm^3	2,25 PS / 2600 U/min
Z 2 G	**1922-1924**	**10.000 Stück (mit Z 22)**
1-Zyl.-2-Takt	211 cm^3	2,25 PS / 2600 U/min
Z 249	**1923-1924**	**k. A.**
1-Zyl.-2-Takt	249 cm^3	2,75 PS / 2600 U/min
Z 200	**1928-1930**	**27.100 Stück**
1-Zyl.-2-Takt	198 cm^3	4,5 PS / 3300 U/min
Z 300	**1928-1929**	**11.000 Stück**
1-Zyl.-2-Takt	298 cm^3	9 PS / 3200 U/min
Dreirad-Lieferwagen	**1926-1928**	**2500 Stück**
1-Zyl.-2-Takt	249 cm^3	4,5 PS / 3100 U/min

Der erste Zündapp-Motorrad-Prospekt beschrieb die Modelle Z 22 und Z 2 G. Von Anfang an setzte Zündapp bei seinen Prospekt-Titeln auf weibliche Models.

Das Modell Z 22 konnte 1923/24 auch mit Dreiganggetriebe und 249-cm^3-Motor bestellt werden.

Eine schön restaurierte K 249 von 1924, allerdings mit dem Vorderrad der ein Jahr später erscheinenden EM 250. (Foto: Alexander Kartschall)

K 211 und K 249

Am Jahresende 1922 hatte Zündapp bereits über 1500 Motorräder ausgeliefert: die Nachfrage war so groß, dass die Nürnberger einen Auftragsbestand von weit über 5000 Maschinen vor sich her schoben. Aber trotzdem ließ sich das Jahr 1923 nicht besonders günstig an: Der Währungsverfall machte rapide Fortschritte – am 20. November 1923 wurde der höchste je für ein Zündapp-Motorrad angesetzte Preis erreicht – eintausendzweihundert Billionen Mark.

Nach der Marktstabilisierung 1924 erholte sich die Wirtschaft. Um dem inzwischen fest etablierten Händlernetz das richtige Rüstzeug im nun verstärkt einsetzenden Konkurrenzkampf an Hand zu geben, wurde für die Saison 1924 erstmals ein stärkeres Modell herausgebracht, die K 249. Diese hatte einen 2,75 PS starken 250-cm^3-Zweitaktmotor mit Dreiganggetriebe und Kickstarter sowie Kette statt Riemen zum Hinterrad. Es gab diese Maschine auch mit dem 211 cm^3 großen Motor der Z 22.

Dieses neue, sehr gut ankommende Modell zeigte die bereits typischen Zündapp-Linien, es war leistungsfähiger und eleganter geworden. Eine K 249 war im November 1924 das 10.000ste Motorrad, das die inzwischen eingerichteten einfachen Fließbänder – es handelte sich um schienengeführte Rollböcke – verließ.

Die EM 250 und der Dreirad-Lieferwagen

1925 wurden nahezu 4000 Zündapp-Motorräder verkauft, darunter schon das neue Einheitsmodell mit 249 cm^3. Nahezu drei Jahre blieb es unverändert in der Serie – ein Beweis dafür, wie durchdacht Zündapp diese Konstruktion angelegt hatte und wie rationell inzwischen gefertigt werden konnte.

Alle seither gesammelten Erfahrungen flossen in diesem neuen Modell zusammen. Die Maschinen hatten Kettenantrieb, Dreiganggetriebe, großvolumige Ballon-Reifen sowie Innenbackenbremsen vorne und hinten – konstruktive Details, die erst später selbstverständlich werden sollten. Der nach wie vor mit Standmagnet, nun aber mit vollautomatischer Frischölschmierung ausgerüstete Einzylinder-Zweitaktmotor leistete 4,5 PS, so dass die Maschine nach Maßstäben der Zeit voll soziustauglich war. Auch hier kam ein gemuffter, hartgelöteter Stahlrohrrahmen zum Einsatz.

Vom darauffolgenden Jahr an bestand das Zündapp-Motorrad-Programm nur noch aus dem Einheitsmodell, von dem 1926 über 4000 und 1927 über 8000 Stück im In- und zunehmend nun auch im Ausland verkauft wurden.

Ende 1926 ergänzte ein Dreirad-Lieferwagen (ursprünglich geplant als sogenannter Vorderlader, eine Kombination von Motorrad und Lieferwagen) das Modellprogramm. Von ihm wurden ab 1927 rund 2500 Stück abgesetzt, zuletzt auch mit (steuerfreiem) 200-cm^3-Motor.

Die EM 300 und Z-Modelle

Ab dem 1. April 1928 herrschte in Deutschland Steuer- und Führerscheinfreiheit für alle Motorräder bis 200 cm^3 Hubraum. Zündapp war da ein wenig auf dem falschen Fuß erwischt worden und konnte darauf erst im Juli 1928 reagieren. Die neue Maschine hieß »Z 200«, ihr vom Einheitsmotor abgeleiteter Motor war erstmals mit Leichtmetallkolben bestückt. Die Z 200 gab es in drei Ausführungen, dies sich in erster Linie durch die Tankform unterschieden: Es gab sie mit eckigem oder abgerundetem Einstecktank sowie mit dem neuen Satteltank.

Darüber hinaus vergrößerte man den Einheitsmotor auf 300 cm^3, was seine Leistung auf 8 PS erhöhte. Die neue Maschine kostete seinen Besitzer nicht mehr Steuer als die bisherige 250er. Beide neuen Modelle ließen die Gesamtproduktion bald auf das Dreifache anschwellen. Von den beiden Einheitsmodellen mit 250 und 300 cm^3 wurden nahezu 23.000 Stück gebaut. Die 300-cm^3-Variante wurde 1928 durch ein mit dem Stahlprofilrahmen (dem »Unzerbrechlichen«) ausgerüstetes Modell Z 300 abgelöst. Und während 1927 noch als 25.000stes Zündapp-Motorrad ein 250er-Einheitsmodell bekränzt worden war, war Anfang 1929 das 50.000ste eine Maschine vom Typ Z 300. EM- und Z-Typen waren jeweils als Standard- oder besser ausgestattete Luxus-Modelle zu haben.

Eine K 249 war im November 1924 das 10.000ste Zündapp-Motorrad.

Die K- und EM-Modelle im Überblick

K 211	**1924-1925**	**k. A.**
1-Zyl.-2-Takt	211 cm^3	2,25 PS / 2500 U/min
K 249	**1924-1925**	**4.500 Stück**
1-Zyl.-2-Takt	249 cm^3	2,75 PS / 2600 U/min
EM 250	**1925-1927**	**23.000 Stück (mit EM 300)**
1-Zyl.-2-Takt	249 cm^3	4,5 PS / 3100 U/min
EM 300	**1928**	**23.000 Stück (mit EM 200)**
1-Zyl.-2-Takt	300 cm^3	8 PS / 3000 U/min

In das K-Modell konnte auch der Motor der Z 22 eingesetzt werden, woraus die Modellbezeichnung K 211 resultierte.

Expansion und Krise

Der stetig steigende Absatz zwang zur Errichtung neuer Produktionsstätten: Die bisherigen vier getrennten Werke sollten in einem großzügigen Fabrikneubau in der Dieselstraße in Nürnberg-Schweinau zusammengeführt werden. Den Neubau hatten die Handwerker in Rekordzeit hochgezogen, schon im Januar 1929 ging der Fabrikneubau in Betrieb. 1929? Ja. Ein ganz schlechter Zeitpunkt, auch wenn es zunächst nicht danach aussah, denn die Konjunktur erreichte ihren Höhepunkt zu: Die Jahresproduktion kletterte auf über 25.000 Einheiten, der April war mit über 4000 gebauten Motorrädern der erfolgreichste für Zündapp überhaupt gewesen.

Der Dreiradlieferwagen, von dem es auch Exemplare zum Personentransport gab, war für eine Nutzlast von 200 kg ausgelegt.

»EM« stand für »Einheitsmodell«. Im Bild die EM 250 mit allen möglichen Extras wie Soziussitz, Kniekissen, Beleuchtung, Beinschild und Ballhupe.

Die EM 250 wurde zu einem Verkaufsschlager und begründete die Solidität und Funktionalität von Zündapp-Motorrädern.

Die ab April 1928 geltende Steuer- und Führerscheinfreiheit für Motorräder bis 200 cm³ führte zur Zündapp Z 200.

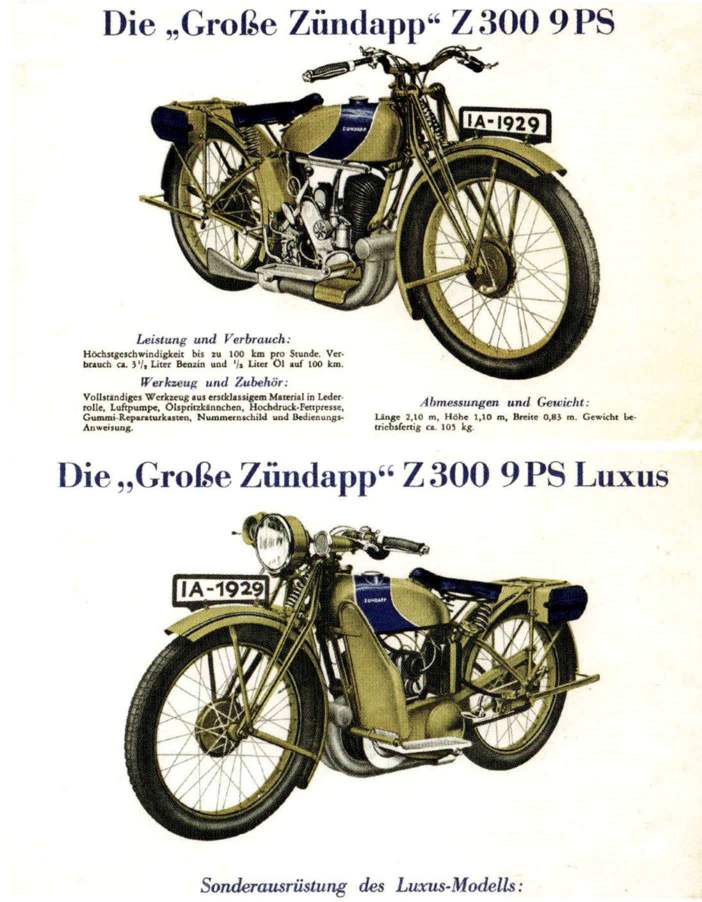

1929 erhielten die Zündapp-Motorräder einen Satteltank.

Diese Verkaufserfolge zwangen zur ständigen Rationalisierung und Modernisierung. In allen Werksabteilungen fanden neueste Produktionsmethoden und -maschinen Eingang, auch in der Lackiererei, wo eine zweifarbige Lackierung den jahrelang üblichen Einfarben-Anstrich ablöste. Auch die Einführung des Satteltanks fiel in dieses Jahr.

Besonders wichtig im Hinblick auf die künftigen Geschicke des Unternehmens aber war die Tatsache, dass im Juli 1929 der Sohn des Firmengründers, Dipl.-Kaufmann Hans Friedrich Neumeyer, als Direktionsassistent in das väterliche Unternehmen eintrat.

Gerade zu diesem Zeitpunkt neigte sich der Nachkriegs-Boom in der deutschen Wirtschaft seinem Ende entgegen, die Anzeichen einer beginnenden Rezession waren unverkennbar. Der Motorradabsatz bei Zündapp fiel von rund 3000 Stück im Juli auf etwa 300 im Dezember – und dieser Abwärts-Trend setzte sich kontinuierlich fort: 1930 wurden nur noch rund 12.000 Maschinen verkauft, 1931 sank der Absatz auf 5000 Stück, und auch 1932 konnten, trotz hoher werblicher und ver-

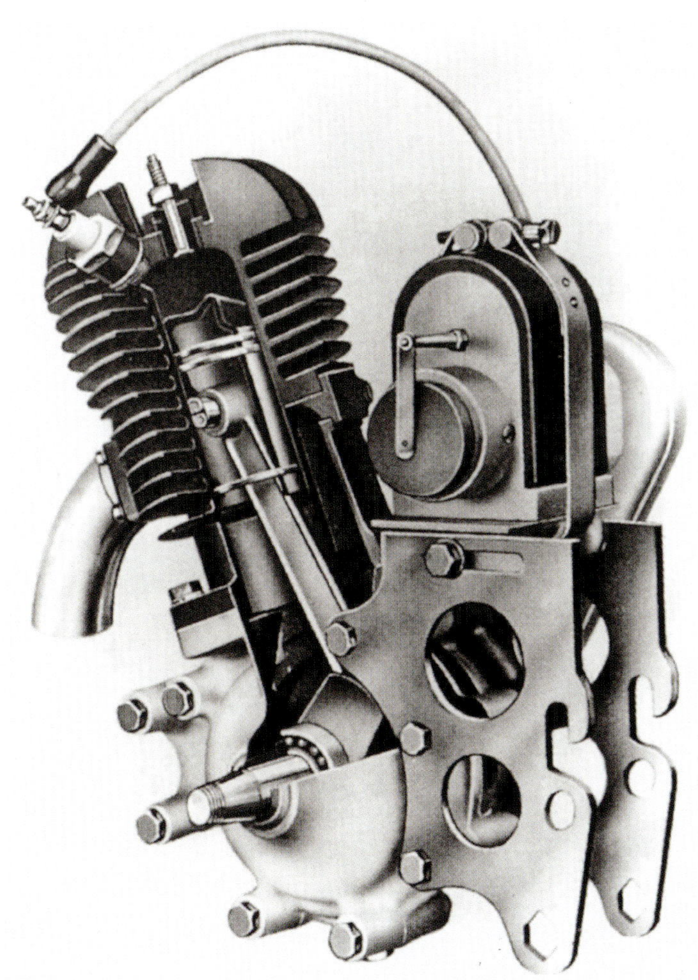

Der Z-Motor mit 200 oder 300 cm³ Hubraum war durch seinen schräg nach vorn geneigten Zylinder und den erstmals fächerförmig verrippten Zylinderkopf gekennzeichnet.

Noch im Jahre 1929 bezog Zündapp die neue Motorradfabrik in der Dieselstraße in Nürnberg-Schweinau.

trieblicher Anstrengungen, nicht mehr Maschinen verkauft werden. Die Weltwirtschaftskrise hatte Deutschland fest im Griff.

Rekord- und S-Modelle

Doch trotz Wirtschaftskrise stellte die Zeitschrift Das Motorrad in ihrer Juniausgabe 1930 gleich drei neue Modelle der Zündapp-Werke vor: »...zwei steuerfreie mit 200-cm^3-Motor, die den Namen „Rekord" und „S 200" tragen, sowie das 300-cm^3-Rad, das wegen seiner Erfolge auf dem Nürburgring die Bezeichnung „Typ Nürburg" erhalten hat.«
Die Rekordmodelle bildeten den Einstieg in das Zündapp-Programm. Für 715 Mark erhielt der Kunde erstmals bei Zündapp einen Schwunglicht-Magnetzünder, der im Modelljahr 1931 durch eine Batterie-Zündlichtanlage ersetzt wurde; man sprach deshalb von den Rekord-Modellen I und II. 795 Mark musste ausgeben, wer die besser ausgestattete S 200 haben wollte, die jetzt eine kombinierte, fußbetätigte Vorder- und Hinterrad-Innenbackenbremse aufwies. Eine Beleuchtungsanlege

Die Produktionshallen waren nach den neuesten Produktionsstandards eingerichtet worden.

»Elastische Produktion« nannte Zündapp die Möglichkeit, die neuen Montageanlagen je nach Auftragslage zu erweitern oder zurückzufahren.

Die Rekord 200 bildete das Einstiegsmodell der neuen S-Reihe von 1930, leicht zu erkennen am stehenden Zylinder. Die Beleuchtungsanlage war noch bei allen Zündapp-Modellen Option.

Die S 200 besaß einen leicht geneigten Zylinder. Entstanden auf Basis der Z-Modelle, besaßen die neuen Maschinen eine kombinierte Hand-Fußbremse.

Die Fertigung der S-Modelle 1930 im neuen Werk Nürnberg-Schweinau, Dieselstraße.

Unter den Zweitaktmaschinen von Zündapp war die beiwagentaugliche S 300 mit der Zusatzbezeichnung »Nürburg« 1930/31 das Spitzenmodell.

In matter Lackierung und mit Packtaschen wurde die S 300 auch der Reichswehr und den deutschen Behörden angeboten.

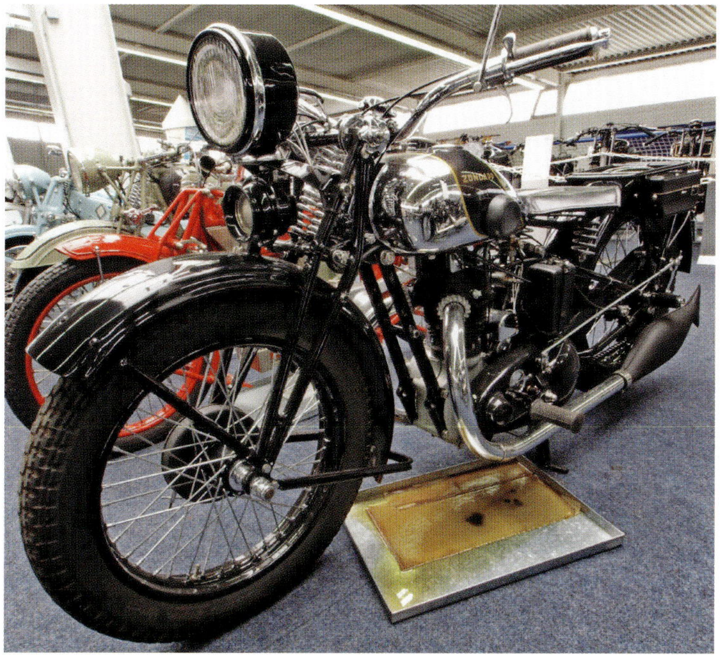

Nach diversen Prototypen mit verschiedenen Viertaktmotoren von 350 bis 600 cm³ Hubraum, entschied sich Zündapp für die modernen Python-Vierventil-Motoren von Rudge. Im Bild das Tourenmodell S 500. (Foto: Alf van Beem CCO)

Etwas weniger üppig, dafür mit mehr Leistung ausgestattet: Die SS 500 erreichte mit ihren 22 PS immerhin 130 km/h.

kostete für beide 200er stolze 120 Mark extra. Das galt auch für das 895 Mark teure Modell Nürburg, auch bei dieser war die Beleuchtung aufpreispflichtig. Die Besonderheit dieser seitenwagentauglichen Maschine bestand im Gazda-Federlenker, der durch seinen Aufbau aus verschiedenen Blattfedern zum Lenker durchdringende Fahrbahnstöße mindern sollte. 1932 wurden die S-Modelle durch Neukonstruktionen abgelöst.

S 500 und SS 500

Nachdem der Nürnberger Familienbetrieb bisher ausschließlich in eigenen Fabrikationsstätten hergestellte Zweitaktmotoren verwendet hatte, zwang nun die Marktsituation, vor allem aber der Kampf um die besten Händler, dazu, das Programm durch Viertaktmodelle zu ergänzen, Dafür wurden bei Rudge Withworth in England moderne Einzylinder-Motoren mit Vierventiltechnik bezogen und in Zündapp-Fahrwerke gesetzt. Wann die ersten Maschinen mit diesen Python-Motoren in den Handel gelangten, ist nicht mehr exakt zu bestimmen, Mitte 1930 waren sie wohl flächendeckend verfügbar. Die Halbliter-Viertakter gab es als S 500 in Tourenausführung mit 18 PS und als SS 500 in Sportausführung mit 22 PS. Mit 1425 bzw. 1650 Reichsmark waren die Maschinen vergleichsweise günstig, konnten sich in schwierigen Zeiten dennoch kaum am Markt behaupten.

Die S-Modelle im Überblick

Rekord I	**1930**	**800 Stück**
1-Zyl.-2-Takt	198 cm³	6 PS / 3500 U/min
Rekord II	**1931**	**4.457 Stück**
1-Zyl.-2-Takt	198 cm³	6 PS / 3500 U/min
S 200	**1930-1931**	**3.449 Stück**
1-Zyl.-2-Takt	198 cm³	6 PS / 3500 U/min
S 300 »Nürburg«	**1930-1931**	**1542 Stück**
1-Zyl.-2-Takt	298 cm³	9 PS / 3500 U/min
S 500 Touren	**1930-1933**	**1004 Stück (mit SS 500)**
1-Zyl.-4-Takt OHV/4	499 cm³	18 PS / 4250 U/min
SS 500 Sport	**1930-1931**	**1004 Stück (mit S 500)**
1-Zyl.-4-Takt OHV/4	499 cm³	22 PS / 4900 U/min
S 350 »Avus«	**1932-1933**	**503 Stück**
1-Zyl.-2-Takt	345 cm³	11 PS / 4000 U/min

Kapitel 3: Mit neuen Zweitakt-Modellen aus der Krise – 1932 bis 1941

1928 war Albert Roder, ein mit 32 Jahren bereits gestandener Motorrad-Konstrukteur, zu den Zündapp-Werken gekommen, um den damaligen Konstruktionsleiter Egon Krottentaler bei der Weiterentwicklung der Produktpalette zu unterstützen. Krottentaler selbst wurde dann 1931 durch Richard Küchen, einen der profiliertesten deutschen Motorrad-Konstrukteure ersetzt. Bei Zündapp erwartete ihn eine ebenso interessante wie gewaltige Aufgabe: die Entwicklung einer komplett neuen Motorrad-Modellreihe – zunächst mit zwei Einzylinder-Zweitaktmotoren, später mit seitengesteuerten Viertakt-Boxermotoren und Kardanantrieb in Stahlprofil-Rahmen. Sechs Monate Entwicklungszeit hatte ihm Zündapp-Chef Hans-Friedrich Neumeyer zugebilligt. Wie auch bei späteren Entwicklungsarbeiten stand Richard Küchen sein jüngerer Bruder Xaver zur Seite, der als technisch wie künstlerisch gleichermaßen begabter Designer entscheidend zur Formgebung sowohl der Fahrwerksrahmen als auch der Motor/Getriebe-Aggregate beitrug. Zusammen mit Albert Roder, der für die Umsetzung der Küchen-Ideen sorgte, bildeten die drei ein kongeniales Trio, dessen Erzeugnisse Zündapp zur Weltmarke aufsteigen ließ. Jedenfalls bis Richard Küchen nach einem Krach mit Zündapp-Fertigungschef Zipprich Ende 1934 kurzerhand das Handtuch warf und zu DKW wechselte.

Und noch eine wichtige Personalie aus dieser Zeit muss erwähnt werden. Am 15. Mai 1932 wurde Hans-Friedrich Neumeyer, der Sohn des Firmengründers, zum Geschäftsführer der Zündapp-Werke bestellt.

Albert Roder war von 1928 bis 1936 für Zündapp als rechte Hand der Konstruktionsleitung tätig. Die (leider sehr schlechte) Aufnahme stammt aus dieser Zeit.

Richard Küchen war von 1931 bis 1934 Konstruktionsleiter bei Zündapp, kehrte 1938 zurück und war dann bis in die Kriegsjahre hinein für die Nürnberger tätig.

Hans-Friedrich Neumeyer, der einzige Sohn des Firmenpatriarchen, kam im Juli 1929 als Assistent des geschäftsführenden Direktors Wilhelm Wittig zu Zündapp, ehe er ab Mai 1932 selbst die Leitung des Unternehmens übernahm.

Eine rechtzeitige und wichtige Weichenstellung, bedenkt man, dass Fritz Neumeyer unerwartet früh, am 10. September 1935, seinem 60. Geburtstag, starb.

Die letzten Flachkolben-Zweitakter

Aus der im vorigen Kapitel vorgestellten S-Modellreihe bleibt noch die 1932 erschienene S 350 nachzutragen. Sie war die bis dahin schwerste Zweitaktmaschine der Nürnberger Firma und blieb inmitten der Weltwirtschaftskrise eher ein Ladenhüter. Immerhin beschleunigte der 11-PS-Motor mit Leichtmetall-Kolben und -Zylinderkopf die Maschine bis über 100 km/h. Ansonsten wies die Maschine den berühmten Gazda-Federlenker und, wie auch die anderen Modelle der S-Reihe, einen Profilstahlrahmen auf.

Der schlechten wirtschaftlichen Lage Rechnung tragend, kam 1932 eine leichte 170-cm^3-Maschine mit einfachem Blech-Rohrrahmen und ohne jeglichen Schmuck für unter 500 Reichsmark heraus. Ein einfaches Zweiganggetriebe im Kurbelgehäuse, wie man es von den billigen DKW-Maschinen her kannte, musste ebenso reichen wie die Trapezgabel mit Reibedämpfer und der Schwungradmagnetzünder. Immerhin wurde sie, wie mittlerweile alle Zündapp-Maschinen, serienmäßig mit Beleuchtungsanlage ausgeliefert, und eine Ballhupe war hier ebenfalls mit an Bord. »B 170« nannte Zündapp

diese Konstruktion offiziell, doch gelegentlich las man noch die Zusatzbezeichnung »Zugvogel«.
Das »B« stand für »Block«, wie bei der ebenfalls 1932 erschienenen Block 200, bei der der Kurbeltrieb und das (nun dreigängige) Getriebe aber anders als bei der B 170 in getrennten Gehäuseteilen untergebracht waren. Ansonsten hatte diese Weiterentwicklung der beliebten S-Modelle wenig Neues zu bieten und wurde nicht nur deshalb schon im Folgejahr von einer neuen 200er abgelöst.
Und die hatte es zumindest optisch in sich: Mit dem Pressstahl-Kastenrahmen und dem Kardanantrieb sah die »K 200« (»K« stand für »Kardan«) aus wie eine der großen Boxermaschinen. Auffällig für damalige Verhältnisse waren außerdem das Viergang-Kettengetriebe mit Kugelschaltung, die noch längst nicht üblichen Steckachsen und der Tachometer im Scheinwerfergehäuse. Mit dem 6,5 PS starken Zweitakter lief die Maschine maximal 80 km/h – für den Alltagseinsatz und die damaligen Straßenverhältnisse war das völlig ausreichend. 885 Reichsmark waren allerdings in Anbetracht der Leistungsdaten eine recht stolze Summe, was dem Absatz der K 200 indes weniger schadete als vielleicht zu erwarten gewesen wäre.
Anders sah es bei der Derby 175 aus, die sich im 1933er Verkaufsprogramm zwischen die billige B 170 und die teure K 200 schob. Obwohl diese in zwei Versionen, als Normal- und Luxusausführung, angeboten wurde, verkaufte sie sich nur schleppend. Andererseits handelte es sich um eine außerordentlich gelungene Konstruktion und legte, trotz der mäßigen Absatzzahlen, die Basis für eine Modellreihe, die 20 Jahre lang als Inbegriff von Zuverlässigkeit und Robustheit galt.

Die S 350 von 1932 war das bis dahin größte von Zündapp gebaute Zweitaktmodell. Es eignete sich hervorragend zum Anbau eines Seitenwagens. (Foto: Stoye Seitenwagenbau)

Die Zweitakter 1932-1933 im Überblick

B 170 »Zugvogel«	**1932**	**2950 Stück**
1-Zyl.-2-Takt	169 cm^3	4,5 PS / 4000 U/min
B 200	**1932**	**748 Stück**
1-Zyl.-2-Takt	198 cm^3	6 PS / 3500 U/min
DB 175 »Derby«	**1932-1933**	**1150 Stück**
1-Zyl.-2-Takt	174 cm^3	5,5 PS / 4000 U/min
K 200	**1933-1934**	**4346 Stück**
1-Zyl.-2-Takt	198 cm^3	6,5 PS / 4000 U/min

Küchens Sonderwege: Zweitakter mit Drei- und Vierstromspülung

Das Zündapp-Programm mit eigenen Motoren bestand bislang ausschließlich aus Zweitaktmodellen. Dem Stand der Technik ent-

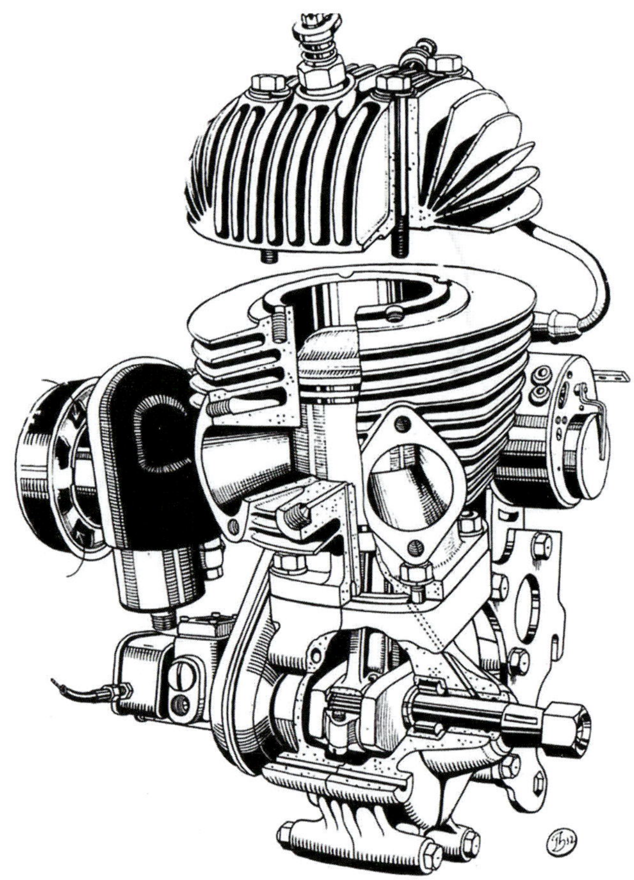

Schnittdarstellung des S 350-Motors mit Pumpenzusatzschmierung zu Zylinderlaufbahn und Kurbelwelle. Außerdem mit Leichtmetall-Zylinderkopf (mit Dekompressionsventil) und Fenag-Batteriezündlichtanlage.

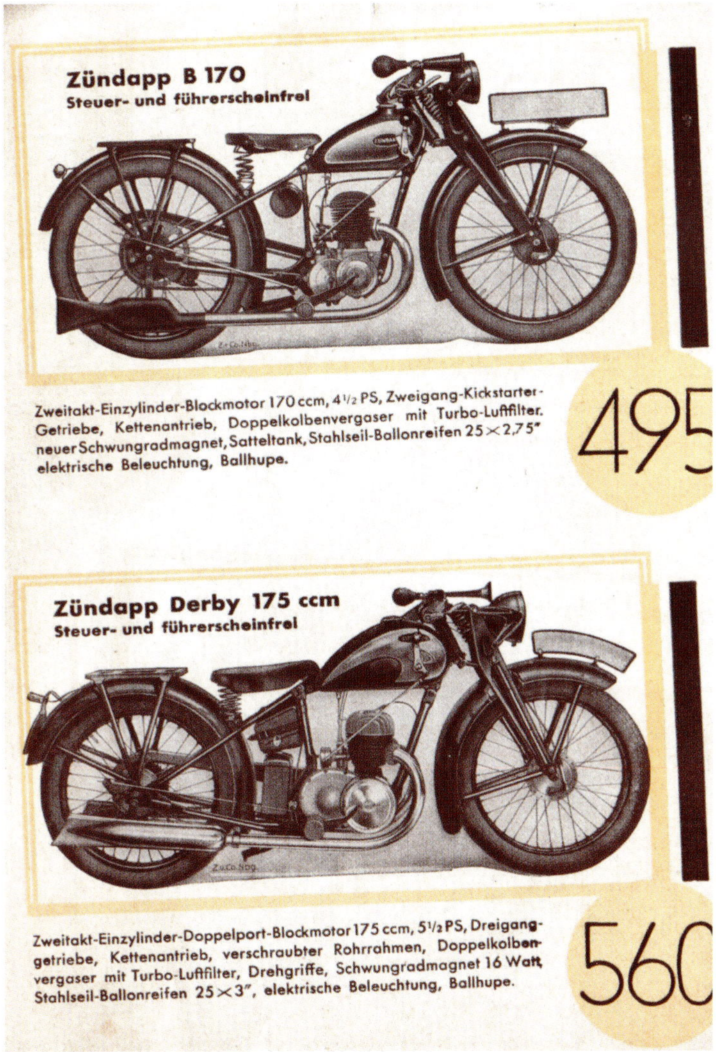

Dieser Ausschnitt aus dem 1933er Programm-Prospekt zeigt die beiden leichtesten Zündapp-Modelle mit 170 bzw. 175 cm³.

Die B 200 mit Blockmotor war 1932 die einzige 200er im Zündapp-Programm.

Kurbel- und Getriebewelle im gemeinsamen Gehäuse der Zündapp B 170. Der Kickstarterhebel musste nach vorn betätigt werden.

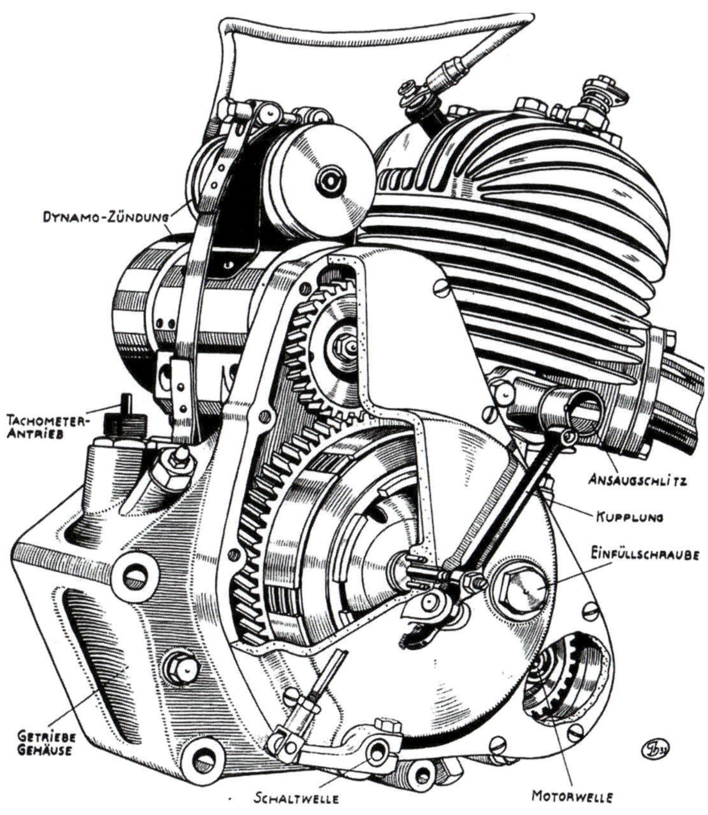

Bei der B 200 waren Kurbeltrieb und Gehäuse getrennt. Der aufgeschnittene Deckel des Primärantriebs zeigt den Lichtmaschinenantrieb vom Kupplungszahnrad aus. Der Tachoantrieb kam erstmals aus dem Getriebe.

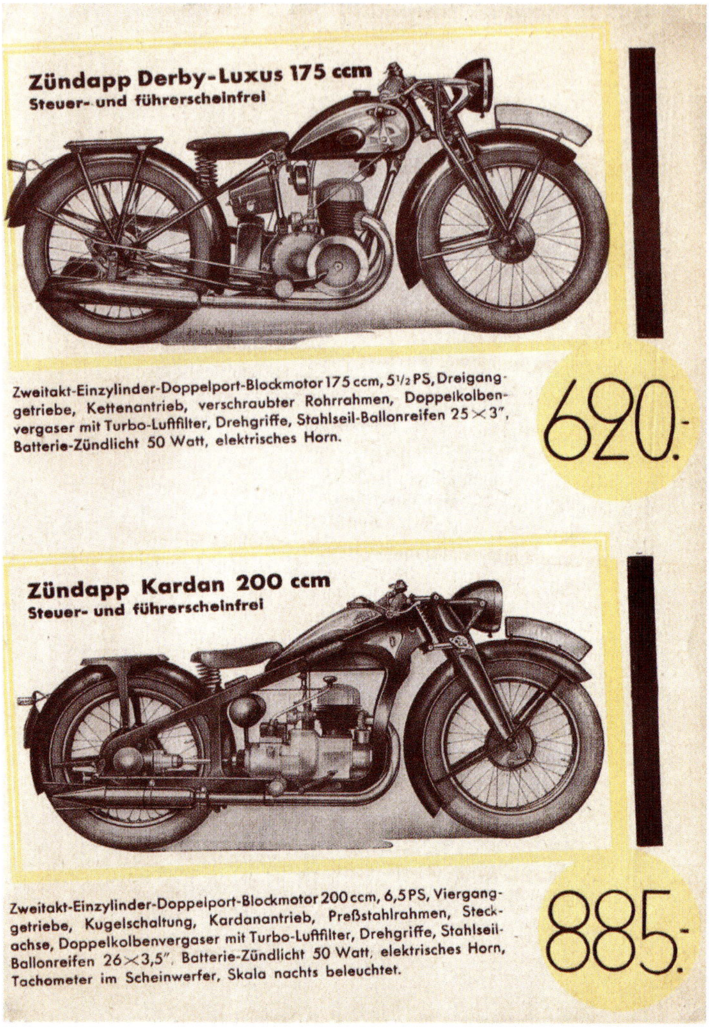

265 Reichsmark betrug 1933 die Differenz zwischen der Derby 175 in Luxusausführung und der 200er Kardanmaschine. Durch ihre vielen Innovationen war diese den Mehrpreis aber wert.

Ein für Zündapp-Verhältnisse eher ungewöhnlicher Prospekttitel von 1933 zeigt die neue K 200.

sprechend handelte es sich dabei ausschließlich um Einzylinder mit Nasenkolben. Aber als dann J. S. Rasmussen 1932 die Alleinlizenz für die Umkehrspülung des Dr. Schnürle erwarb und DKW danach allein berechtigt war, Motoren mit diesem Spülsystem – und dem entsprechenden Flachkolben – zu bauen, was zu einer höheren Leistung bei deutlich reduziertem Verbrauch führte, drängten die Zündapp-Händler ebenfalls nach so leistungsfähigen Flachkolben-Zweitaktern. Neumeyer beauftragte Küchen, einen Flachkolbenmotor zu entwickeln, der nicht unter den weitgreifenden Patentschutz von DKW/Schnürle fallen sollte. Und Küchen enttäuschte seinen Boss nicht: Seine Idee für ein neuartiges Spülverfahren führte zu einem als »Dreistromspülung« apostrophierten Spülsystem. Bei diesem wurden die beiden seitlich eintretenden Gemischströme durch einen Spülschlitz an der Zylinderrückseite ergänzt, der einen noch besseren Spülverlauf bringen sollte – und, wie spätere Prüfstandmessungen zeigten, auch brachte.

Erwartungsgemäß betrachtete die Auto Union, zu der DKW ja inzwischen gehörte, dieses Spülsystem als Verletzung des von ihr erworbenen Schnürle-Patents und zerrte Zündapp vor den Kadi. Nach einem Prozessmarathon durch alle Instanzen entschied schließlich das Reichsgericht in Leipzig als höchste Instanz gegen Zündapp: Einstellung der Produktion und eine Million Mark Schadensersatz wegen Patentverletzung – denn Zündapp hatte ja inzwischen die Serie auf die Dreistromspülung umgestellt – waren das bittere Resultat des Rechtsstreits.

Zündapp wich damals auf eine »Vierstromspülung« des Berliner Zweitakt-Experten Paul Schauer aus – eine erneute Patentverletzungsattacke der Auto Union scheiterte.

Zündapp legt weiter zu

Anfang September 1933 verließ das 100.000ste Zündapp-Motorrad das Fertigungsband – eine K 500 (siehe nächstes Kapitel). Die neuen Modelle setzten sich dank ihrer unbestreitbar eleganten Linienführung, ihres ungewöhnlich ruhigen Laufs und ihrer Wirtschaftlichkeit und Leistungsfähigkeit schnell durch. Nachdem bereits im Mai 1933 die Höchstverkaufsziffer des Jahres mit 1100 Einheiten erreicht worden war, gelang es, 1933 insgesamt reichlich 7000 Zündapp-Motorräder abzusetzen (darunter freilich auch die Restbestände der Auslaufmodelle B 170, S 350 und S 500, die bereits seit 1932 zu Sonderkonditionen angeboten worden waren). Ab 1933 gelangten auch die 175er-Derby-Modelle in den »Ausverkauf«, weil sie durch neue Derby-Typen mit 200 cm^3-Zweitaktmotoren abgelöst wurden. In jenem Jahr erhöhten sich nicht nur die Ausstoßzahlen, beinahe noch wichtiger war die Tatsache, dass Zündapps Marktanteil am deutschen Motorradmarkt, der von 5,6 % im Jahre 1931 auf 10,7 % im Folgejahr gestiegen war, auch 1933 weiter wuchs und nun bei 12,8 % lag: Jedes achte in Deutschland neu zugelassene Motorrad trug den Namen des Nürnberger Unternehmens. 1937 war der Zündapp-Marktanteil dann bereits auf 17,9 % geklettert.

Die Derby-U-Profil-Modelle: DE, DL & DB

Die nicht sonderlich beliebte DB 175 wurde 1933 von der neuen Derby 200 abgelöst, die in einfacher Ausstattung die Bezeichnung »DE 200« und in Luxusausführung »DL 200« hieß. Während die ersten Maschinen noch mit dem alten Nasenkolben-Motor bestückt waren, erhielten alle Zündapp-Zweitakter ab Januar 1934 die neuen Motoren mit Flachkolben und Dreistromspülung. Bis 1935 wurde diese Maschine, deren Motor 7 PS leistete, gebaut, ehe sie noch im gleichen Jahr von einer neuen DB 200 abgelöst wurde. Erkennbar war das am neuen Erscheinungsbild des Triebwerks; hier war jetzt die große Schwungscheibe im Kupplungsgehäuse untergebracht. Die Leistung des Motors blieb unverändert bei 7 PS. Diese 200er entwickelte sich zum absoluten Bestseller und avancierte zu einem echten Volksmotorrad. Und sie

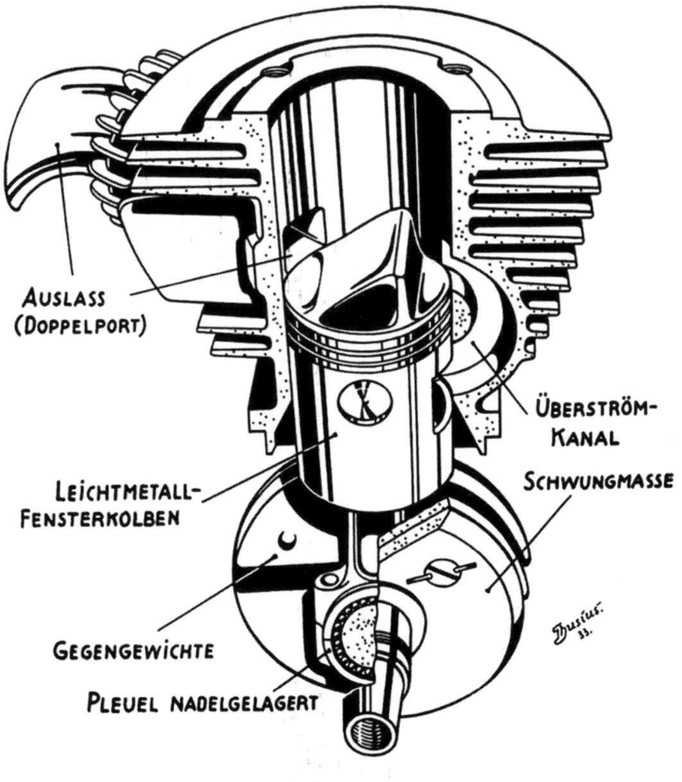

Der Motor der Derby DB 175, hier noch mit Leichtmetall-Nasenkolben, durch den – zur besseren Kühlung – das Frischgas geführt wurde.

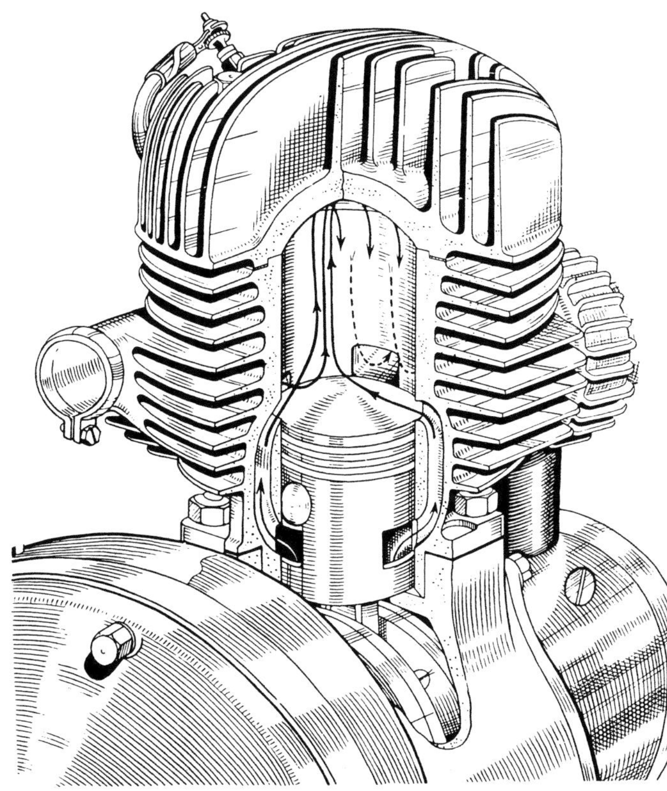

Schnitt durch den Motor der DK 200 von 1935 mit der von Richard Küchen initiierten Dreistromspülung, die gemäß eines Gerichtsurteils gegen das DKW-Patent der Schnürle-Umkehrspülung verstieß.

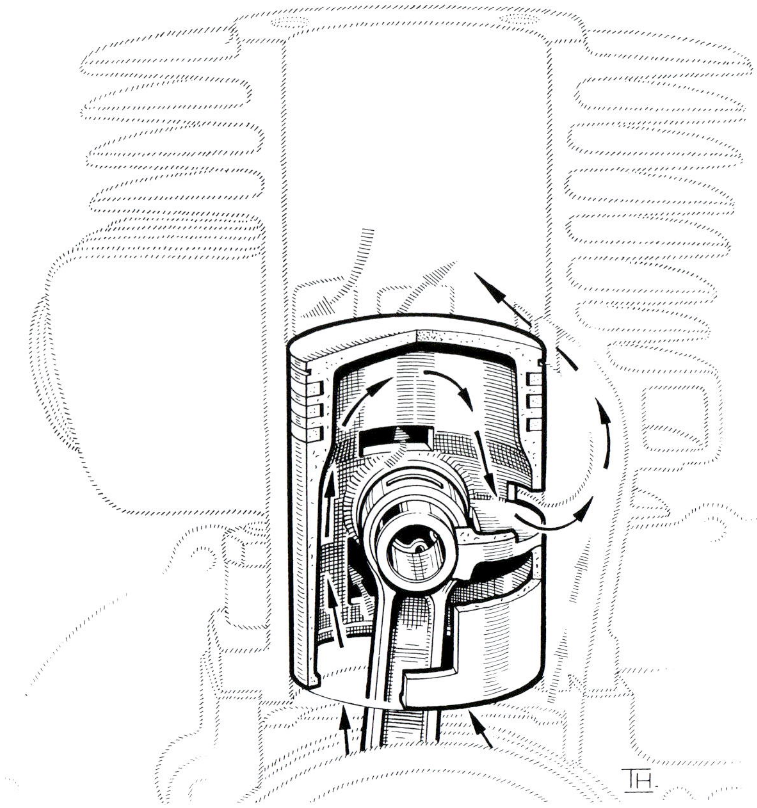

Der Motor der ab 1935 gebauten Derby DB 200 mit Vierstromspülung. Eine Bypass-Überströmführung diente der Kolbeninnenkühlung und der Schmierung des Kolbenbolzens.

Die 1934 gebaute Zündapp Derby 200 hatte schon die Dreistromspülung, aber noch die außen liegende Schwungscheibe.

Ab 1935 lief die große Schwungscheibe der DB-Motoren in einem neuen Kupplungsgehäuse.

wurde zur meistverkauften Zündapp überhaupt: Bis 1940 verließen 19.756 Maschinen ohne und noch einmal 29.742 Exemplare mit Tachometer (diese hießen dann intern »DBT 200«) die Nürnberger Werkshallen. Offiziell gab es wieder eine Standard- und eine Luxusausführung, letztere unter anderem mit mehr Chrom, besseren Bremsen und einer 50 statt 30 Watt Batterie-Zündlicht-Anlage.

Ab 1. Oktober 1938 trat eine neue Reichsstraßenverkehrsordnung in Kraft, wonach unter anderem für Motorräder bis 250 cm^3 Hubraum der Führerschein Klasse 4 gefordert wurde. Damit waren die bisher dominanten 200er nicht mehr das Maß aller Dinge. Zündapp reagierte darauf mit der DB 250. Die Zylinderbohrung der 200er wurde hierfür von 60 auf 67 mm erweitert, der Vergasereinlass von 20 auf 22 mm vergrößert und somit die Leistung von 7 auf 8,5 PS gesteigert. Außerdem wurde zur Verstärkung der Kupplung von Sternfedern auf Schraubenfedern umgestellt. Etwa 90 km/h waren mit der 250er Derby drin, die 155 Reichsmark mehr kostete als die immer noch steuerfreie 200er, die letztendlich deutlich erfolgreicher blieb als ihre seit 1937 verkaufte größere Schwester.

Mit Wirkung vom 2. März 1939 traten Verordnungen über eine Typenbegrenzung im Kraftfahrzeugbau in Kraft, die günstigeren Fabrikationsmethoden, niedrigeren Preisen, übersichtlicherer Ersatzteile-Lagerhaltung

Bei der DBL 200 stand das »L« für »Luxus«, was äußerlich unter anderem am verchromten Tank, den verchromten Felgenrändern und den größeren Bremsen zu erkennen war.

Die DB 200, hier in der Standardausführung, wurde zum Inbegriff des zuverlässigen Volksmotorrads und zu Zündapps meistverkaufter Maschine.

und besseren Reparaturmöglichkeiten dienen sollten – der sogenannte Schell-Plan, hinter dem freilich nicht nur notorische Pessimisten weit mehr witterten. Opfer dieser Typenbegrenzung wurde eine 125er, die bei Zündapp zwischen 1939 und 1941 entwickelt wurde. Mit verschiedenen Motorvarianten kam es zum Bau von insgesamt elf Prototypen.

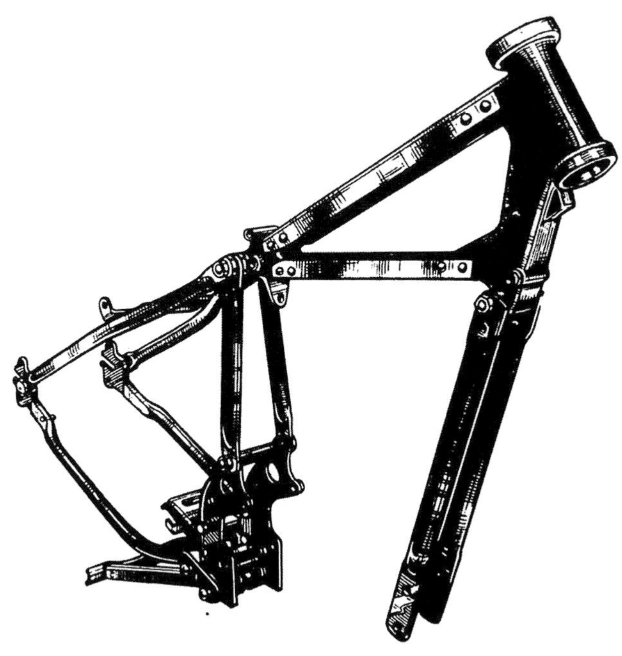

Der Rahmen aller DB-Modelle ab der 175er. Den gesenkgeschmiedeten Steuerkopf verbanden angenietete U-Profile mit dem Sattelträger-Heckanschlussstück.

Zündapp erhielt im Rahmen dieses Plans zwar ein verhältnismäßig breites Programm zugestanden, aber dennoch kam es zu Vorgesprächen mit der Konkurrenz zwecks Bildung einer Verkaufsgemeinschaft. Der Ausbruch des Kriegs ließ freilich alle weiteren Verhandlungen gegenstandslos werden. Die zivile Produktion von Motorrädern wurde ab diesem Zeitpunkt stark gedrosselt, die letzte Lieferung an die zivile Kundschaft erfolgte am 15. März 1940.

Die Derby-U-Profil-Modelle im Überblick

DE 200	1933-1935	8699 Stück
1-Zyl.-2-Takt	198 cm³	7 PS / 3850 U/min
DL 200	**1933-1935**	**5928 Stück**
1-Zyl.-2-Takt	198 cm³	7 PS / 3850 U/min
DB (T) 200 »Derby«	**1935-1940**	**49.498 Stück**
1-Zyl.-2-Takt	198 cm³	7 PS / 4000 U/min
DB 250 »Derby«	**1937-1940**	**2602 Stück**
1-Zyl.-2-Takt	247 cm³	8,5 PS / 3850 U/min

Die Derby-Kastenrahmen-Modelle: DK & DBK

Ab 1935 wurden die Derby-Modelle auch mit dem leichten Kastenrahmen angeboten. Das bedeutete dann Kette statt Kardanwelle. Die DK 200 hatte den Motor der DE / DL 200, deren Produktion aber schon 1935 endete, weshalb die DK 200 ebenfalls nur eine Saison lang im Zündapp-Angebot war. 1936 folgte die DBK 200, deren Motor mit innenliegender Schwungscheibe, analog der DB 200, ausgestattet war. Aber anders als die DB 200 blieb die DBK nur bis 1938 im Programm. Im gleichen Jahr bot Zündapp die 250er Derby dann auch mit dem Kastenrahmen an. Diese Maschine blieb sogar bis 1941 im Programm.

Die Derby-Kastenrahmen-Modelle im Überblick

DK 200	1935	2499 Stück
1-Zyl.-2-Takt	198 cm³	7 PS / 3850 U/min
DBK 200	**1935-1938**	**8351 Stück**
1-Zyl.-2-Takt	198 cm³	7 PS / 3850 U/min
DBK 250	**1938-1941**	**7151 Stück**
1-Zyl.-2-Takt	247 cm³	8,5 PS / 3850 U/min

1937 begann die Serienfertigung der DB 250 mit 8,5 PS und 90 km/h Höchstgeschwindigkeit.

Die Kupplung der 250er Motoren (DB und DBK) hatte bereits vor dem Krieg Schraubenfedern anstelle der Sternfedern, wie sie bei den 200-cm^3-Modellen vorkamen.

Die Kardan-Zweitakter: K & KK

Die erste 200er Kardanmaschine ist bereits weiter vorn beschrieben worden. Bevor hier die Weiterentwicklungen vorgestellt werden, soll ein kurzer Blick auf die von Zündapp verwendeten Kastenrahmen geworfen werden.

Die DK 200 wurde nur 1935 in 2499 Exemplaren gebaut. Bereits im Herbst kam das Nachfolgemodell DBK 200 auf den Markt. (Foto: Edward Koshchenets)

In dieser DL 125 wurde im Dezember 1940 ein neuer Doppelkolben-Motor erprobt. Die Rahmenpartien einiger 125er Prototypen waren verkleidet worden.

Die DBK 250 hatte den Motor der DB 250, eingebaut im leichten Kastenrahmen.

DBK 200: Derby-Motor mit innenliegender Schwungscheibe im leichten Kastenrahmen.

Als Richard Küchen zu Beginn der 1930er Jahre diese Rahmen entwarf, dachte er zunächst an deren Einsatz in den schwereren Boxermodellen. Der ursprüngliche »normale« Rahmen war hinten rund und mit einer kräftigen Stützstrebe versehen. Dieser Rahmen war beiwagenfest und in alle OK-, K- und KS-Modelle (außer KS 750 und KS 601) eingebaut. Ein leichterer, hinten spitz zulaufender Rahmen ohne Verstrebung kam später bei den leichten KK-, DK-, DBK- und KKS-Modelle zum Einsatz. Dieser Rahmen wurde auch als »Kleiner Kastenrahmen« bezeichnet, was zu der Typenbezeichnung »KK« führte.
So hatte also die erste 200er Zweitakt-Kardanmaschine noch den kräftigeren Kastenrahmen mit Stützstrebe, ehe dieses Modell 1935 von der KK 200 abgelöst wurde. Bei gleichem Hubraum konnte die Leistung leicht angehoben, die Drehzahl gleichzeitig etwas gesenkt werden. Alle Kardan-Maschinen hatten ein Vierganggetriebe, mit dem (wegen des Kardans) querlaufenden Motor verblockt. So auch die gleichzeitig er-

Die KK 200 im kleinen Kastenrahmen war die letzte 200er Kardan-Maschine von Zündapp. (Foto: VAPE spol. Sr.o.)

Der größere 350er Zylinder der K 350 passte ganz gut zum schwereren Kastenrahmen…

Die rote Lackierung mit den goldenen Zierlinien stand der DBK 250 ausgezeichnet.

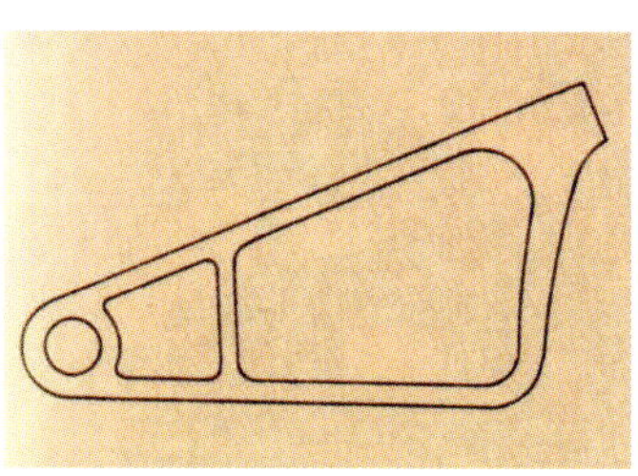

Zündapp-Rahmenkunde: Der »normale« Kastenrahmen, hinten rund und mit Stützstrebe…

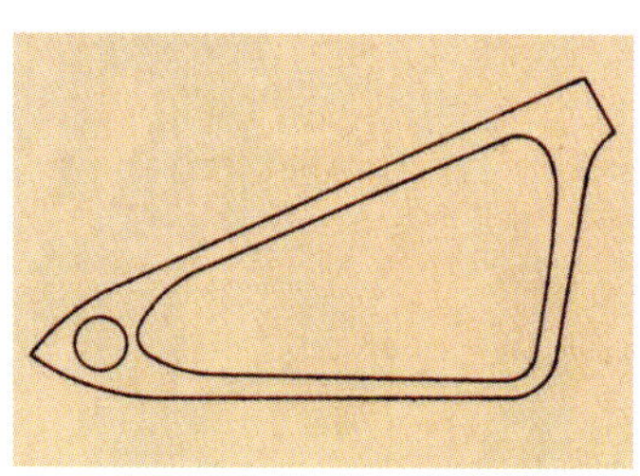

…und der kleine Kastenrahmen, ohne Strebe und hinten spitz zulaufend.

…dennoch wurde diese Maschine 1936 von der KK 350 mit dem kleinen Rahmen abgelöst. Nach nur 500 Exemplaren endete die Fertigung von 350er Zweitaktmaschinen bei Zündapp.

schienene K 350 (wiederum mit dem »normalen« Rahmen) – die erste 350er seit der S 350 »Avus«. Jetzt aber mit einem völlig neu konstruierten Motor, dessen 12 PS die Maschine bis auf 95 km/h beschleunigten. An dieser Höchstgeschwindigkeit änderte sich auch nichts, als 1936 die K 350 von der KK 350 abgelöst wurde, deren Motorleistung wegen des leichteren Rahmens auf 11 PS abgesenkt worden war. 1937 lief bei Zündapp die letzte Zweitakt-350er vom Band. Die letzte Kardan-200er war schon im Jahr zuvor produziert worden.

Die Kardan-Zweitakter 1935-1937 im Überblick

KK 200	1935-1936	3100 Stück
1-Zyl.-2-Takt	198 cm^3	7 PS / 3850 U/min
K 350	**1935-1936**	**3404 Stück**
1-Zyl.-2-Takt	349 cm^3	12 PS / 3700 U/min
KK 350	**1936-1937**	**502 Stück**
1-Zyl.-2-Takt	349 cm^3	11 PS / 3750 U/min

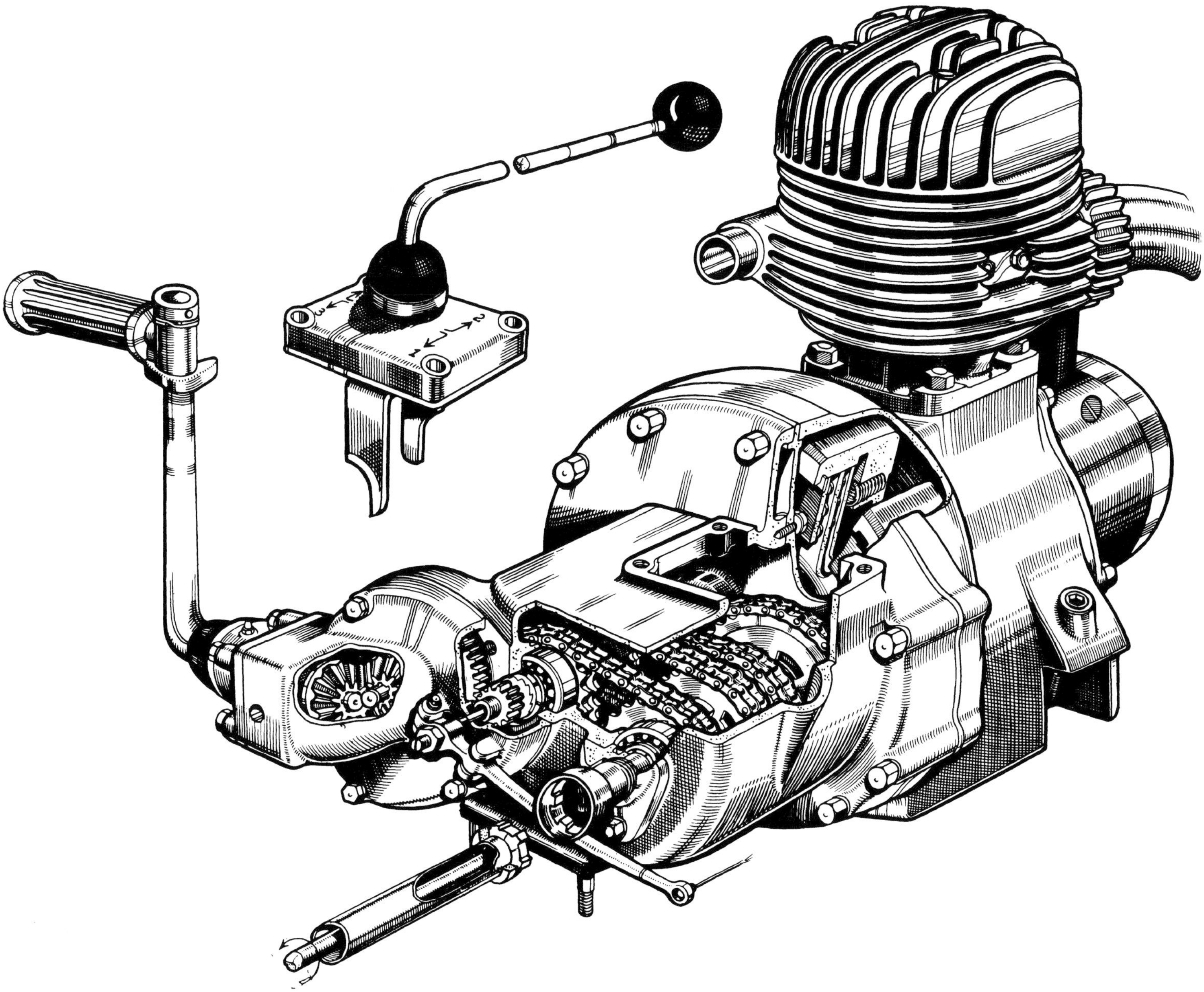

Der Zweitakt-Blockmotor der KK 350 mit angeblocktem Viergang-Duplexkettengetriebe.

Kapitel 4: Die Viertakt-Modelle 1933 bis 1941

Die von Richard Küchen in knapp einem Jahr Entwicklungszeit auf die Räder gestellte neue Modellreihe, mit der Zündapp auf der Berliner Automobilausstellung 1933 brillieren konnte, war wahrscheinlich der Höhepunkt seines Schaffens. Interessante Details, wie beispielsweise das bei allen Modellen zu findende Kettengetriebe oder die eines glattflächigen Äußeren wegen in den Motorblock beziehungsweise die Zylinder integrierten Ansaugleitungen, die geteilten Pleuelfuß-Rollenlager oder der erstmals verwendete hydraulische Dämpfer in den Vordergabeln waren nur einige Zeugnisse Küchenscher Detailarbeit.

Zwei wesentliche Bestandteile von Richard Küchens neuer Zündapp-Modellpalette waren der Pressstahl-Kastenrahmen, im Bild die schwere Ausführung …

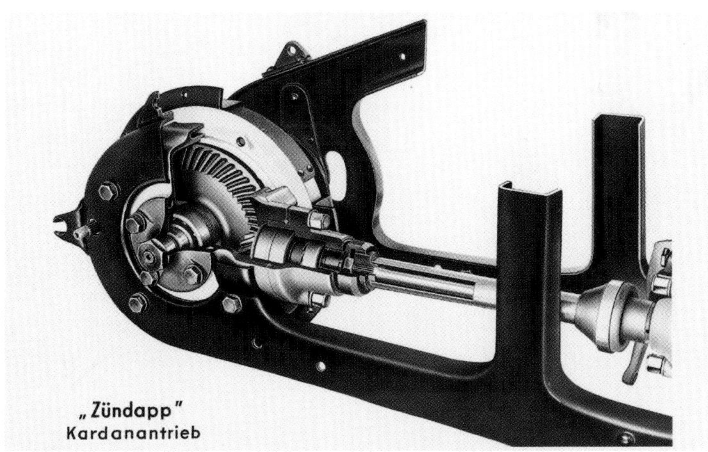

…und der Hinterradantrieb mittels Kardanwelle, in diesem Fall ein Schnittmodell vom Dauerbrenner K 500.

Abgesehen von den bereits beschriebenen Zweitaktmodellen und einer 200er Viertaktmaschine, bildeten seitengesteuerte Viertakt-Boxermotoren mit 400 und 500 sowie Vierzylinder-Boxermotoren mit 600 und 800 cm^3 den Kern des Zündapp-Mammutprogramms, das später noch, nach Küchens Weggang, durch oben gesteuerte Modelle mit 500 und 600 cm^3 als Zweizylinder-Boxer erweitert wurde.

Obwohl die OK 200 für die damalige Zeit optisch durchaus gelungen war, wurden nur 250 Exemplare gefertigt.

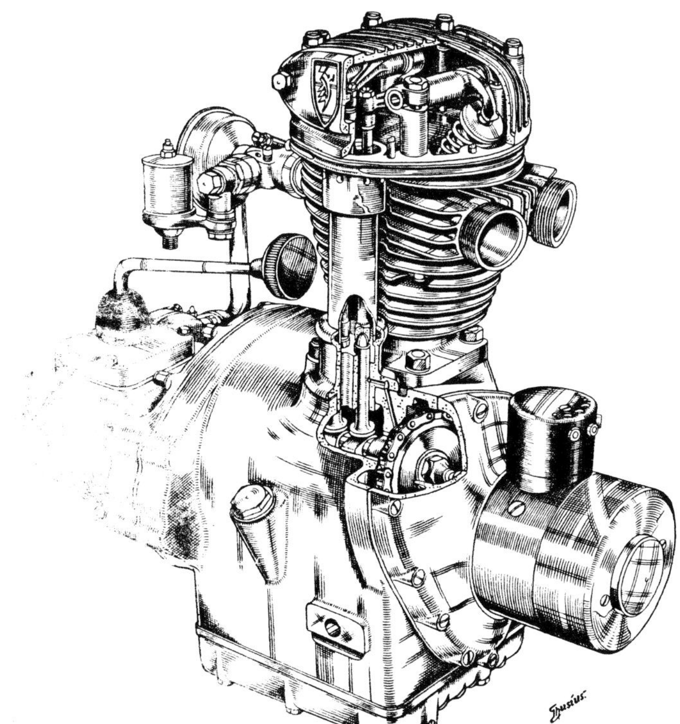

Der OHV-Viertakter der OK 200 war eine fraglos moderne Konstruktion, aber teuer in der Fertigung und so der Hubraumklasse nicht angemessen.

Die OK 200 Kardan Sport

Im Oktober 1933 begann die Produktion der 930 Reichsmark teuren OK 200 mit oben gesteuertem Viertaktmotor, Kardanantrieb und großem Kastenrahmen. 8 PS leistete der Motor, schleppte die 140 kg schwere Maschine aber nur bis auf 85 km/h (im Prospekt standen 8,5 PS und 90 km/h). Zu wenig für den hohen Preis und den Anspruch, als Sportmodell zu gelten. So wurde die Fertigung noch im selben Jahr nach nur 250 Einheiten wieder eingestellt und die auf Halde stehenden Maschinen bis weit ins Jahr 1934 hinein abverkauft: Küchens Ambitionen, auch einen sportlichen Einzylinder-Viertakter mit 200 cm^3 Hubraum am Markt zu platzieren, waren kläglich gescheitert.

Die OK im Überblick

OK 200	1933	250 Stück
1-Zyl.-4-Takt OHV	198 cm^3	8,5 PS / 4000 U/min

Die Zweizylinder-Modelle K 400 und K 500

Richard Küchen stellte sich die neue Zündapp-Boxermodellreihe so vor: Je eine Maschine mit 400 und 500 cm^3 Hubraum als Zweizylinder-Modelle und je eine Maschine mit 600 und 800 cm^3 und vier Zylinder. Alle Motoren sollten konventionell seitengesteuert sein. Und für alle Zylinder wurde der Hub einheitlich auf 66,6 mm festgelegt.

Der Boxer-Einstieg begann Ende 1932 mit 398 cm^3, 10 PS und einem Verkaufspreis von 1195 Reichsmark. Das waren nur 55 Reichsmark weniger als die K 500 kostete, die 3 PS mehr und eine höhere Durchzugskraft bot. Damit führte die 400er von Anfang an ein Schattendasein und musste nach nur gut 200 gebauten Einheiten vom Markt genommen werden.

Anders die K 500, die sich trotz ihrer anfänglich auch nur mageren 12,5 PS zum Dauerbrenner im Zündapp-Programm entwickelte. Eine »echte« 500er machte eben mehr her und war seitenwagentauglich – trotz der eher schwachen Leistung. Diese wurde ab Januar 1935 durch verschiedene Maßnahmen auf 15 PS erhöht und damit blieb die K 500 – auch dank Wehrmachts- und Behördenaufträgen noch bis 1940 im Programm.

Optisch unterschied sich die K 500 vom 400er Boxermodell durch die größere Bremse im Vorderrad.

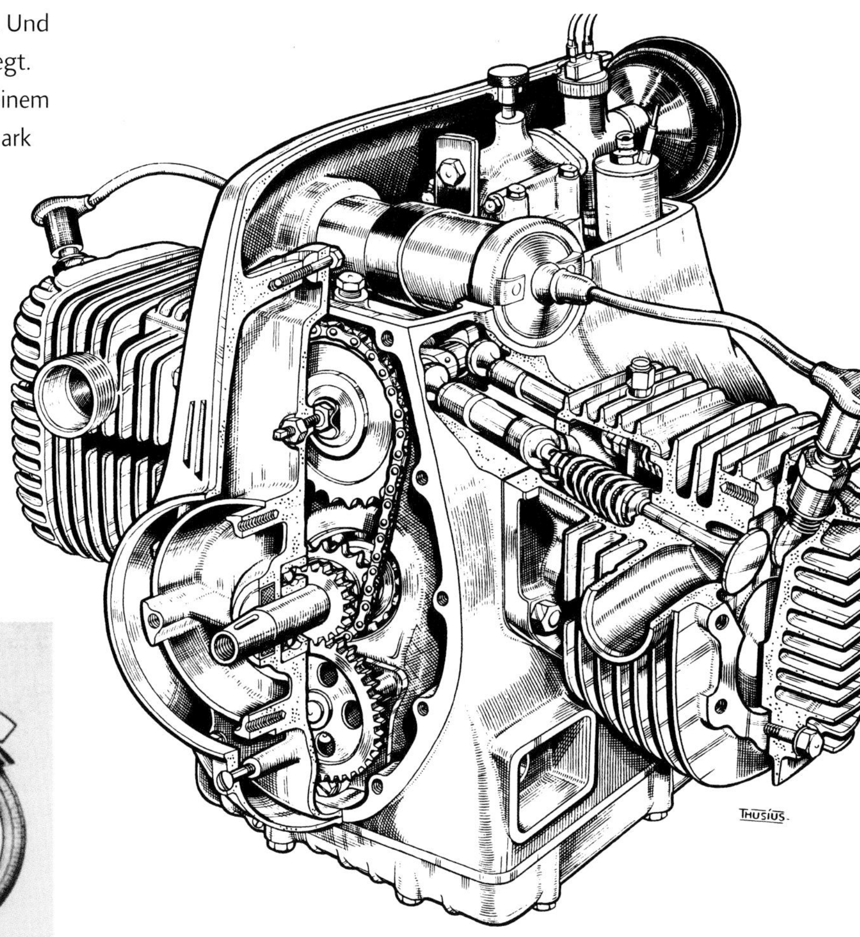

Die Schnittzeichnung des K 500-Motors offenbart unter anderem den weiten Weg vom Vergaser zum Zylinderkopf – ein Grund für die eher magere Leistungsentfaltung.

Der K 400 war kein Erfolg beschieden, sie blieb 1933 nur wenige Wochen auf den Montagebändern.

Die Vierzylinder-Modelle K 800 und K 600

Das hubraumstärkste und größte Modell dieser K-Serie war ohne Zweifel der ebenfalls 1933 erschienene Typ K 800 mit luftgekühltem Vierzylinder-Boxermotor. Der formschöne, seitengesteuerte Motor umschloss mit seinem glattflächigen Block nicht nur die Kurbelwelle und die Ölwanne, sondern auch Zündspule, Unterbrecher, Lichtmaschine und Vergaser waren mit umhüllt. Das war typisch Richard Küchen.

Je zwei Zylinder und abnehmbare Alu-Zylinderköpfe mit zwei Brennräumen bildeten ein Gussstück.

Vom vorderen Kurbelwellenritzel wurden über Kette und Stirnräder Verteiler, Ölpumpe und Lichtmaschine angetrieben. Die Nockenwelle lag über der Kurbelwelle, sodass die Ventile, durch einen Aludeckel abgedeckt, von der Oberseite des Zylinderblocks eingestellt werden konnten. Der Vergaser, oben am rückwärtigen Ende des Motorblocks untergebracht, lieferte das Gemisch durch Kanäle, die im Block eingegossen waren. Alles war formschön und glattflächig ausgebildet: Motor-Design in seiner fortschrittlichsten Form. Mit 22 PS Leistung bei 4300 U/min und einem Gewicht von 193 kg galt die Zündapp K 800 in erster Linie als ideale Gespannmaschine. Solo war sie etwa 125 km/h schnell, der Verbrauch war mit 5,5 Liter auf 100 km angegeben. Gerühmt wird heute noch der weiche, elastische Motorlauf dieses bis dahin hubraumstärksten Zündapp-Modells.

Als Abwandlung mit etwas kleineren Zylindern stellte Zündapp 1933 der K 800 auch gleich eine K 600 zur Seite, was gründlich misslang. Mit nur 15 PS bei stolzen 193 kg Gewicht waren die Fahrleistungen angesichts der aufgerufenen Preise zu niedrig. Nach nur 26 gebauten Maschinen zog Zündapp die Reißleine.

Im Zündapp-Programm von 1933 lassen sich zwischen den Typen K 600 und K 800 keinerlei optische Unterschiede erkennen.

Die K-Modelle im Überblick

K 400	1933	213 Stück
2-Zyl.-4-Takt Boxer SV	398 cm³	10 PS / 4500 U/min
K 500	**1933-1940**	**13.657 Stück**
2-Zyl.-4-Takt Boxer SV	498 cm³	12,5/16 PS / 4800 U/min
K 600	**1933**	**25 Stück**
4-Zyl.-4-Takt Boxer SV	598 cm³	15 PS / 4300 U/min
K 800	**1933-1938**	**6919 Stück**
4-Zyl.-4-Takt Boxer SV	791 cm³	20/22 PS / 4300 U/min

Die K 800 erhielt bald nach Serieneinführung Blenden für den oberen Krümmer und erstarkte 1935 von 20 auf 22 PS.

Frontansicht des K 800-Motors mit abgezogenem Zylinderblock und Zylinderkopf. Der Lichtmaschinen-Antrieb verfügte über Schwingungsdämpfer.

Die Sport-Boxer: KS 500, KKS 500 und KS 600

1936 erschien in Gestalt der KS 500 eine Neuschöpfung, die sich mit ihrem stoßstangen-gesteuerten OHV-Boxermotor als schnelle Sportmaschine rasch viele Freunde erwarb. Die KS 500 bildete den Anfang jener fortschrittlichen Sportmaschinenreihe, die sich bis weit in die Nachkriegsjahre (dann als 600er) internationalen Ruf unter den »schweren Brocken« erwerben konnte.

Mitte 1936 verließ als 150.000ste Maschine eine solche KS 500 das Montageband im Werk an Nürnbergs Dieselstraße. Und nachdem 1934 der Ausstoß 9502 Motorräder betragen hatte, stieg er 1935 auf 18 822 und 1936 auf 24.519 Einheiten an; 1937 waren es 27.771 Stück. Der Aufwärtstrend hielt weiter an, obwohl sich da bereits die Anfänge der Kontingentierung auswirkten – Vorboten einer Entwicklung, an deren Konsequenzen noch keiner denken mochte.

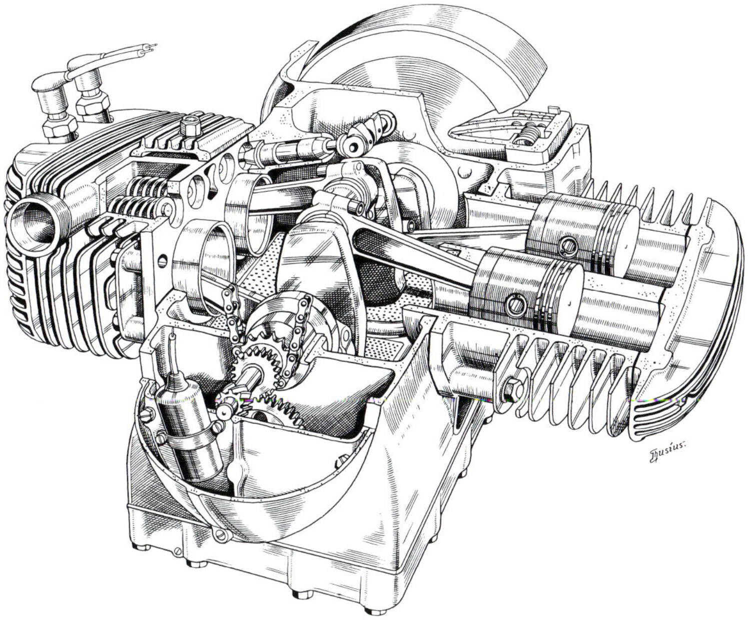

Eine Schnittzeichnung des K 800-Vierzylinder-Boxer-Motors, der wegen seines Durchzugs berühmt war.

Durch das Einsetzen des KS 500-Motors in den kleinen und leichteren Kastenrahmen entstand die für Sporteinsätze gedachte KKS 500.

»KS« stand für »Kardan-Sport«, und ihre 24 PS trugen diesem Anspruch durchaus Rechnung. Trotzdem blieben die Verkaufszahlen der schnellen 500er hinter denen der K 500 zurück.

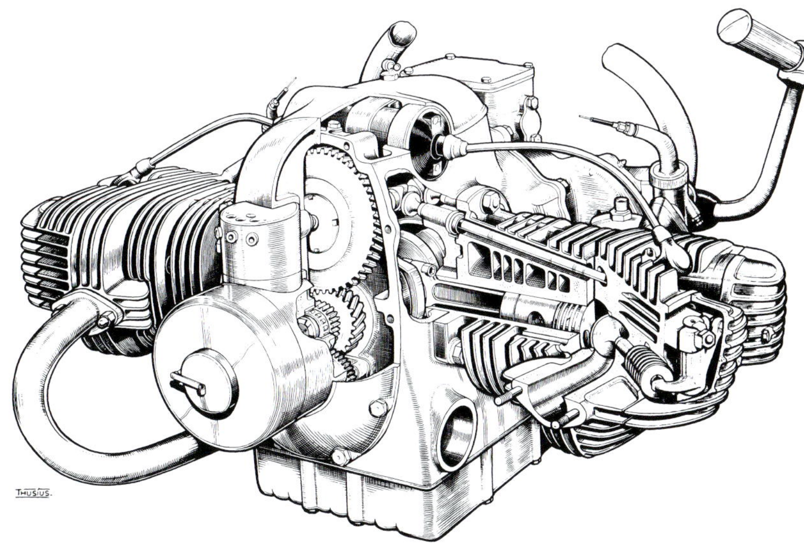

Der Teilschnitt der Frontseite des KS (KKS) 500-Motors mit den im Zylinderblock eingelassenen Stoßstangen zur Betätigung der im Kopf hängenden Ventile.

»KS« stand für Kardan-Sport, doch Zündapp legte nach und baute 1937 mit der KKS 500 eine Maschine, die sich hervorragend dazu eignete, in echten sportlichen Wettbewerben zu bestehen, als KKS 500 R sogar im Rennsport. Das zweite »K« stand wieder für den kleinen, leichteren Kastenrahmen, der sich besser fürs sportliche Fahren eignete. Die Leistung beließ man bei 24 PS, änderte lediglich ein wenig die Luftzuführung vom Filter zum Vergaser, um eine schnellere und gleichmäßigere Gemischzuführung zum Zylinder zu erreichen. Gleichwohl: Oft hat man auf diese Zuleitung gänzlich verzichtet. Dann saugte der Vergaser offen an, oder aber der Luftfilter war direkt angebaut.

In diese Zeit fiel auch die Geburt der aus der 500er entstandenen »KS 600«. Die ersten Prototypen dieses neuen Modells, das eine kombinierte Hand- und Fußschaltung besaß, wurden 1937 erprobt.

Die KS 600 markierte den konstruktiven Höhepunkt des Motorradbaus bei Zündapp vor dem Zweiten Weltkrieg.

Mit dem aus dem Flugmotoren-Programm von Zündapp heraus entwickelten, sehr speziellen Viertaktmotor nahm die DS 350 eine Sonderstellung im Zündapp-Programm ein.

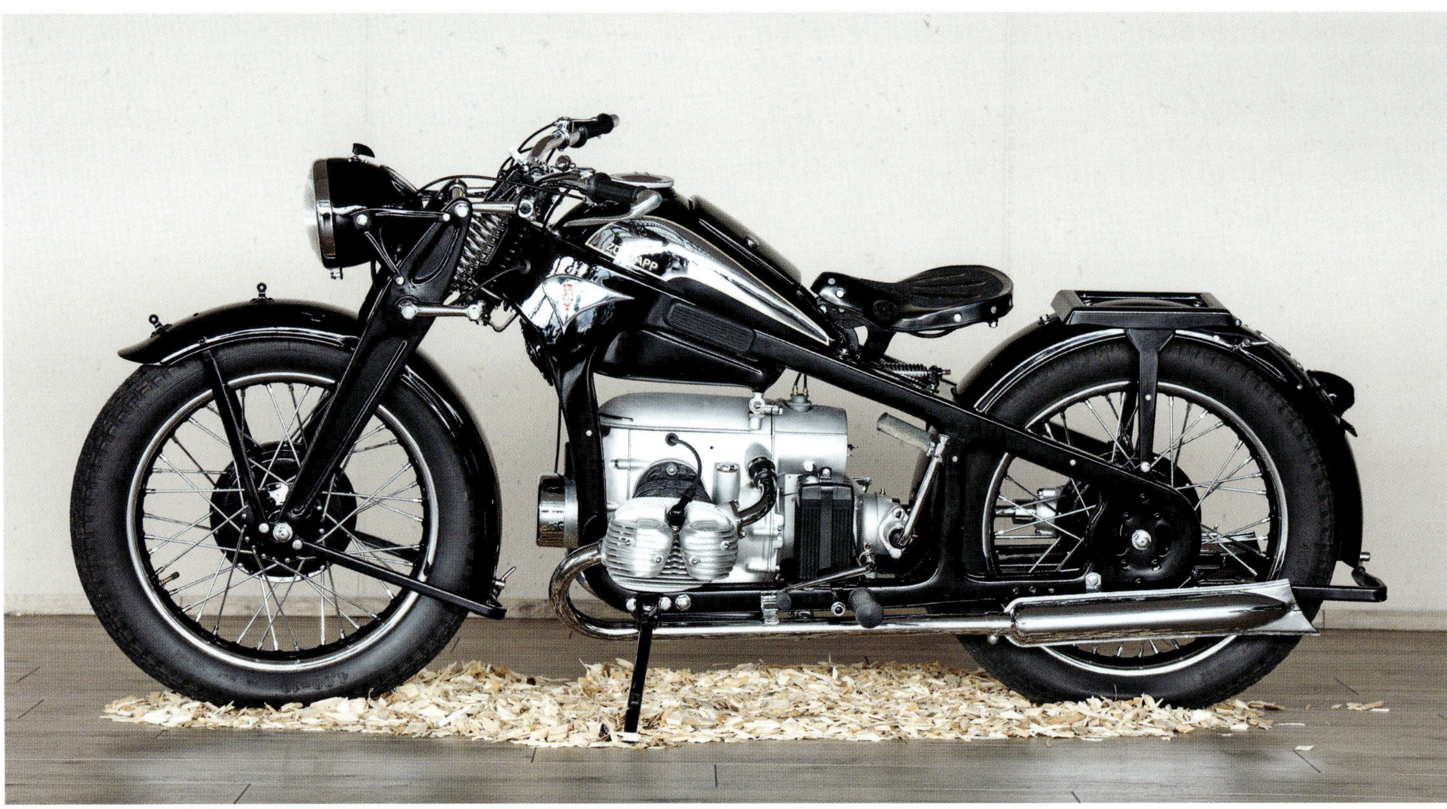

Die KS 600 war als Weiterentwicklung der KS 500 mit 28 PS das leistungsstärkste Vorkriegsmodell. Und das mit nur einem Vergaser gegenüber zweien bei der 500er. (Foto: Mario Nussbaumer)

Der Serienanlauf erfolgte im Februar 1938. Im gleichen Jahr war dann auch wieder ein Stückzahl-Jubiläum fällig.

Die KS-Modelle im Überblick

KS 500	1936-1939	2151 Stück
2-Zyl.-4-Takt Boxer OHV	496 cm^3	24 PS / 5200 U/min
KKS 500	**1937-1938**	**153 Stück**
2-Zyl.-4-Takt Boxer OHV	496 cm^3	24 PS / 5200 U/min
KS 600	**1938-1941**	**21 520 Stück**
2-Zyl.-4-Takt Boxer OHV	597 cm^3	28 PS / 4700 U/min

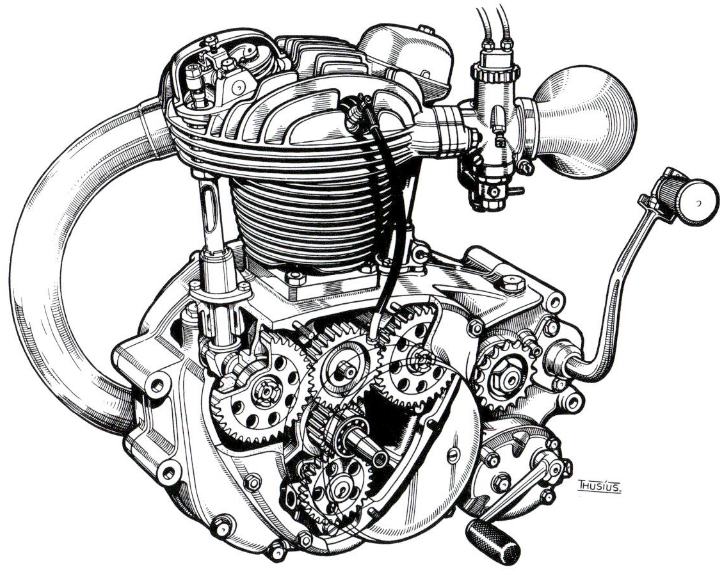

Der Antrieb der beiden Nockenwellen erfolgte bei der DS 350 über Stirnzahnräder.

Lückenbüßer: Die DS 350

Die Lücke in der Zündapp-Modellpalette wurde in den beiden letzten Vorkriegsjahren vom neuen, ungewöhnlichen 350-cm^3-ohv-Modell DS gefüllt. Ungewöhnlich, weil sein Langhubmotor mit 72/85 mm Bohrung/Hub zwei Nockenwellen besaß, je eine vor und hinter dem Zylinder, und überdies das angeblockte Vierganggetriebe über eine rechts auf der Kurbelwelle sitzende Kupplung antrieb. Dieser neuartige Motor mit 18 PS bei 5200 U/min und gekapselten Ventilen im Leichtmetallkopf, war gewissermaßen ein Viertel eines bereits in Serie gebauten Flugzeugmotors (siehe Kapitel Flugmotoren im Anhang) von Zündapp. Er war besonders robust, sparsam und saß in einem langgestreckten Rohrrahmen-Fahr gestell, ähnlich jenem der leichten Zweitakt-Modelle.

Dieses sportliche Motorrad verlangte geradezu nach hartem Wettbewerbseinsatz. Für diesen erprobte Zündapp noch 1939 eine Hinterradfederung, die als Schwinge mit extrem schräggestellten Federbeinen ausgebildet war. Dann kam der Krieg, und diese formschöne und leistungsstarke Viertakt-350er verschwand in der Versenkung. Doch die 200.000ste Zündapp, die Oktober 1938 die Werkshallen verließ, war eine DS 350 gewesen.

Die DS im Überblick

DS 350	1937-1940	3008 Stück
1-Zyl.-4-Takt OHV	346 cm^3	17,5 / 5200 U/min

Trotz der sehr gelungenen Linienführung und des interessanten Antriebskonzepts wurde die Konstruktion der DS 350 nach dem Krieg nicht weiter verfolgt.

Kapitel 5: Zündapp zieht in den Krieg 1939 bis 1945

Der Anfang März 1939 in Kraft getretene »Schell-Plan« war recht unverhüllt ganz auf den wichtigen Anteil der Motorisierung an der totalen Aufrüstung des Deutschen Reiches zugeschnitten.
Bereits vorher hatte Zündapp für die motorisierten Verbände an die Reichswehr und später an die neue deutsche Wehrmacht Motorräder geliefert. Es handelte sich dabei zunächst um eine nur wenig von der Serienausführung abweichende – sogenannte »Behördenversion« der KS 500. Später kam die DB 200 dazu.
Die Schatten, die der Zweite Weltkrieg vorauswarf, führten durch zunehmende Inanspruchnahme für die Aufrüstung zu einschneidenden Umstellungen. Bereits 1937 wurde in der Dieselstraße eine umfangreiche Erweiterung der Betriebsanlagen fertiggestellt und als Werk II in Betrieb genommen – schon überwiegend für die Rüstungsfertigung. Aber auch im Werk I konnte die bisher in nahezu einzigartiger Form durchgeführte Spezialisierung auf die Fabrikation von Motorrädern nicht beibehalten werden.
Auch nach Ausbruch des Kriegs band der Motorradbau den Hauptteil der Zündapp-Fertigungskapazität. Allein vom Typ KS 600, der mit einem im Werk selbst hergestellten Beiwagen zum Gespann kombiniert worden war, wurden von 1938 bis 1941 über 18 000 Stück gebaut und die großteils an die Wehrmacht ausgeliefert. Insgesamt betrug die Lieferung von serienmäßigen und serienverwandten Zündapp-Motorrädern in den Jahren 1938 stolze 25.564 Stück. Die Zahlen sanken danach zwangsläufig ab: 1939 waren es noch 22.840 Stück, 1940 dann 11.574 Einheiten und 1941 schließlich 6964 Motorräder. Nahezu alle gingen an die verschiedenen Waffengattungen.

Die sinkenden Stückzahlen erklären sich aus einem gewandelten Beschaffungsverhalten: Das Heereswaffenamt und damit die Wehrmachtsführung gelangten mehr und mehr zu der Überzeugung, dass – vor allem bei Ausweitung der Kampfhandlung im Osten – die weitgehend auf Serienmaschinen basierenden Wehrmachtsgespannen den harten Gelände-

Die 9. Infanterie-Division aus Gießen testete im Oktober 1937 die K 500 bei Geländefahrten und Geschicklichkeitsprüfungen.

Bei den Geländeprüfungen im Oktober 1937 kamen auch K 800-Gespanne von Zündapp zum Einsatz.

anforderungen auf Dauer nicht mehr genügen würden. Außerdem wurde der Kampfwert des VW Kübelwagens deutlich höher eingeschätzt.

K 500 W

Mit den ab 1933 bei Zündapp gefertigten Motorrädern mit Viertakt-Boxermotor und Pressstahl-Kastenrahmen rückte der Nürnberger Motorradbauer in die Riege der Heereslieferanten auf. Zusammen mit BMW lieferte man nun die schweren Maschinen für Kradmelder und Kradschützen. In aller Regel wurde auch an die großen Zündapp-Maschinen ein Beiwagen gehängt. Mit 13 PS war die K 500 allerdings sehr mager motorisiert, was bald zu einer Erhöhung der Motorleistung auf 16 PS führte. Aber auch damit konnten im Beiwagenbetrieb kaum mehr als 60 km/h erreicht werden, was andererseits im Militäreinsatz jedoch meistens genügte. Zumal hier in erster Linie Zuverlässigkeit, Robustheit und eine hohe Zugkraft bei niederen Drehzahlen gefordert waren. Und das hatte die konservativ seitengesteuerte Zündapp reichlich zu bieten.

K 800 W

Die K 800 von Zündapp war das schwerste bis dahin von deutschen Militärbehörden in Dienst gestellte Motorrad. Und das, obwohl die für die K 500 oben genannten Tugenden für die größere Maschine nicht uneingeschränkt galten. Denn der bärenstarke Vierzylinder-Boxermotor war zum einen im Bereich der hinteren Zylinder thermisch anfällig, zum anderen war nur ein Vergaser mit der gleichmäßigen Gemischbildung überfordert. Und überfordert war auch der Rahmen; wirklich gut ließ sich die Maschine nur im Beiwagenbetrieb fahren. Aber dafür war sie

Dass die K 500 bis 1940 produziert wurde, hatte sie auch den Bestellungen der Wehrmacht zu verdanken.

Die K 500 W war ein zuverlässiges Arbeitstier, aber mit 16 PS im Beiwagenbetrieb doch etwas untermotorisiert.

auch hauptsächlich gedacht und schleppte als Kradschützengespann drei Soldaten und ein schweres Maschinengewehr oder einen Granatwerfer klaglos durch den Dreck. Bis 1938 stellte die Wehrmacht fast 5000 800er-Gespanne in Dienst, bis dieses Motorrad wie auch die K 500 von der wesentlich besser geeigneten KS 600 abgelöst wurde.

Solo war die K 800 in Wehrmachtsdiensten nur selten zu finden.

KS 600 W

Die KS 600 W war motorseitig ein völlig neu entwickeltes Motorrad mit für damalige Verhältnisse sehr sportlichen 28 PS. Als Seitenwagen-Maschine avancierte die neue Zündapp ab 1938 neben der BMW R 12 schnell zum beliebtesten Behörden-Modell in Deutschland und war für die Wehrmacht nicht zuletzt wegen des vor Wasser und Schmutz geschützten Vergasers äußerst interessant. Fahrwerkseitig blieb die Maschine freilich eher konservativ, eine Hinterradfederung gab es nicht und vorn musste immer noch die gute alte Trapezfedergabel herhalten. Aber vielleicht gerade deshalb machte die KS 600 auch in schwerem Gelände eine gute Figur und war etwa bei den Kradschützen wesentlich beliebter als die behäbigere BMW R 12.

DB 200

In die Reihe der leichten Zweitaktmotorräder, die von der Wehrmacht zu Ausbildungszwecken und für Kurierdienste eingekauft wurden, reihte sich ab 1938 (das Motorrad wurde schon seit 1935

Kradmelder der Luftwaffe der Wehrmacht posieren vor einem K 800 W-Gespann und einer Zündapp-Solomaschine.

Mit ihrem leistungsstarken Motor und dem konservativen Fahrwerk taugte die KS 600 W gut für schweres Gelände – gerne auch mit Beiwagen.

Bei einer Zigarettenpause ließen sich diese Soldaten der Luftwaffe gerne mit einer Zündapp KS 600 fotografieren.

gebaut) die Zündapp DB 200 ein. Diese, auch als »Bauernmotorrad« bekannte Maschine war kein Renner, aber an Robustheit und Zuverlässigkeit kaum zu überbieten. Genau das Richtige für den militärischen Einsatz also. Üblicherweise unterschieden sich die an die Militärbehörden ausgelieferten Maschinen kaum von den zivilen Fahrzeugen. Seitengepäckträger mit Satteltaschen und die Lackierung in der jeweiligen Farbe der Waffengattung mussten reichen. 1940 wurde sie dennoch ausgemustert und die Fertigung der 200er eingestellt. Ab 1947 bildete diese Maschine die Basis der Zündapp-Nachkriegsfertigung und blieb, mit einer Telegabel ausgestattet, noch bis 1951 im Programm.

KS 750

Einer Anregung des Zündapp-Firmenchefs selbst entsprechend, genehmigte man in Berlin die Entwicklung eines sogenannten »überschweren Krads«, einer Maschine mit organisch angebautem Beiwagen. Auch diese erfolgte zunächst noch auf der Basis der KS 600-Konzeption – bis sich die Erkenntnis durchsetzte, dass etwas grundsätzlich Neues geschaffen werden müsse, wenn die gesteck-

Als »Bauernmotorrad« tituliert, war die DB 200 praktisch unverwüstlich und deshalb genau richtig für Militäreinsätze.

ten Ziele erreicht werden sollten. Eines der wichtigsten Merkmale der nun mit Hochdruck entwickelten (und zwischendurch immer wieder in Einzelheiten geänderten) Konzeption war das angetriebene Beiwagenrad.

Beim Gespann auch das Beiwagenrad anzutreiben, war an sich keine neue Idee – es hatte schon in den Jahren vor dem Krieg einzelne Wettbewerbsgespanne dieser Art gegeben, und bei belgischen Motorradfabriken existierten Heeresgespanne mit angetriebenem Beiwagenrad. Aber alle diese Konstruktionen erwiesen sich nicht als für den harten Truppengebrauch geeignet – schon gar nicht unter unerfahrenen Besatzungen, mit denen ja gerechnet werden musste.

So kam es zur Konzeption eines sozusagen in einem Guss völlig neuentwickelten Gespanns, dessen 750 cm^3-Boxermotor um je 5 Grad im Winkel zur Horizontalen angehobene Zylinder mit obengesteuerten Ventilen aufwies. Er war mit einem klauengeschalteten Zahnrad-Vierganggetriebe verblockt, das zusätzlich einen Rückwärtsgang enthielt und von dem aus das Hinterrad über eine Welle im Beiwagen-Rahmenrohr und Zahnradvorgelege angetrieben wurde.

Parallel dazu arbeitete auch BMW an einem solchen Gespann, aber mit seitengesteuertem Motor, ohne das entscheidend wichtige Drehmomentverteiler-Differential und ohne die bei Zündapp von Anfang an vorgesehene Öldruckbremse. Die Überlegenheit der Nürnberger Konzeption war aber so offensichtlich, dass das Heereswaffenamt den Nachbau durch das (Münchner) Konkurrenzunternehmen vorschlug. Dr. Neumeyer hatte dazu spontan seine Zustimmung gegeben und auf jegliche Lizenzzahlung verzichtet. BMW aber lehnte den Nachbau ab.

Kurierfahrer auf Zündapp DB 200 nahe Gelsdorf, dem »Tor zur Eifel«.

Eine Erprobungsfahrt mit ersten Vorserienexemplaren der Zündapp KS 750 durch Wehrmachtssoldaten im zeitigen Frühjahr 1941 in den österreichischen Alpen.

Schließlich wurde »höheren Orts« entschieden dass eine Angleichung der wichtigsten Aggregate zu erfolgen habe, so dass der Truppe schließlich zwei, wenn auch weitgehend baugleiche, »überschwere« Kradmodelle zur Verfügung standen.

Am 13. März 1942 verließ das 250.000stes Zündapp-Motorrad, eine KS 750, das Werk in Nürnberg, und bis Kriegsende wurden 18 236 dieser Gespanne an die Wehrmacht geliefert. Manches Exemplar, das das Kriegsende überlebt hatte, tat noch viele Jahre danach als ziviles Transportfahrzeug ebenso zuverlässig seinen Dienst wie vorher an allen Fronten.

Die KS 750 im Überblick

KS 750	1940-1944	18.171 Stück
2-Zyl.-4-Takt Boxer OHV	751 cm^3	26 PS / 4000 U/min

Der Kraftfluss in der KS 750 mit angetriebenem Seitenwagen und Rückwärtsgang. Zwei Handschalthebel für Normalgang und Gelände- bzw. Rückwärtsgang.

Die KS 750 war in aller Regel mit dem ebenfalls bei Zündapp entwickelten und in Zusammenarbeit mit der Firma Steib gebauten »Beiwagen BW 40« verbunden.

Der Solobetrieb mit der KS 750 war theoretisch möglich, wurde in der Praxis aber kaum genutzt. Es gab eine spezielle Anleitung zur Demontage des Seitenwagens bzw. für den Solobetrieb.

Der Sprengpanzer »Goliath«

Neben der Motorradproduktion lief bei Zündapp, wie bei allen deutschen Fertigungsunternehmen, ab 1940 die Rüstungsproduktion auf Hochtouren. Im Werk II der Dieselstraße wurde Munition gefertigt. Dieser Teil des Betriebes war durch einen Zaun von Werk I getrennt. Im Werk Haslerstraße wurden mit Boschlizenz Durchdrehanlasser für Flugmotoren gebaut. Daneben fertigte Zündapp zusammen mit Steib bis 1945 insgesamt 47.787 Seitenwagen. Für die KS 750 wurden 1000 Protzhaken geliefert sowie 541 Zielvorrichtungen für Geschütze. In Großserie lief neben den Motorrädern auch die Fertigung von Aggregatmotoren. Bis 1945 wurden 10.073 Elektromaschinensätze mit dem stationären KS 600 Triebwerk gebaut, außerdem noch 1033 Stationärmotoren, die zu unterschiedlichen Zwecken verwendet wurden.

Die »Kriegselefanten«, wie die Zündapp KS 750 und die BMW R 75 genannt wurden, nutzten, trotz aller Qualitäten, der Truppe weit weniger als die Kübelwagen. Auch die Jeeps waren ihnen klar überlegen.

Eine Sonderentwicklung stellte ab 1943 der »leichte Ladungsträger Sd. Kfz 303« dar. Um größere Sprengladungen bei der Bekämpfung von Befestigungsanlagen und überschweren Panzer-Kampfwagen ohne Einsatz von Menschenleben an das Ziel heranbringen zu können, wurden während des Zweiten Weltkriegs im Auftrag der deutschen Wehrmacht verschiedene Typen sogenannter »Sprengpanzer« entwickelt. Ein leichter Typ mit Elektroantrieb wurde schnell wieder verworfen – ein Verbrennungsmotor musste eingebaut werden. So entstand das

Seitenwagen BW 40, linke Seite
1 Packtaschenhalter
2 Vordere Anschlußstrebe
3 Mittlere Anschlußstrebe
4 Ersatzradhalter
5 Kugelanschluß
6 Bremsanschluß
7 Hinterer Seitenwagenanschluß (Überwurfmutter)
8 Federnde Antriebswelle

Seitenwagen BW 40, rechte Seite
1 Schlußleuchte
2 Radbefestigungsmutter
3 Begrenzungsleuchte

Fast 50.000 Seitenwagen für die »überschweren« Wehrmachtskräder KS 750 und BMW R 75 wurden zusammen mit Steib während des Krieges bei Zündapp gefertigt.

»Sd.Kfz.303«, der »Goliath«. Zunächst experimentierten die Nürnberger Techniker mit dem Motor der K 500. Aber auch dieses Triebwerk erschien für ein solches Verlustobjekt zu aufwendig. Deshalb wurde bei Zündapp ein ganz neuer Motor entwickelt, der im Hinblick auf geringstmöglichen Materialeinsatz konzipiert war und mit dem dann der »Goliath« auch in größeren Stückzahlen serienmäßig gefertigt wurde. Es handelte sich um einen gebläsegekühlten Zweizylinder-Nasenkolben.

Zweitakter in billiger Grauguss-Ausführung mit einem speziellen Solex-Vergaser, der über ein mehrere hundert Meter langes Kabel ebenso gesteuert wurde wie die Kupplungen für die Gleisketten und die Zündung der Sprengladung.

Der »leichte Ladungsträger Sd.Kfz 303« wurde als Sprengpanzer »Goliath« zur Zündapp-Legende. Einfluss auf den Kriegsverlauf hatte auch er nicht.

Das Größenverhältnis zeigt britische Soldaten vor drei sichergestellten Sprengpanzern.

Kapitel 6: Der Motorsport 1921 – 1939

Der 16. Oktober 1921 war für das Zündapp-Werk ein historischer Meilenstein, denn an diesem Tag schob ein gewisser Hans Metsch erstmals ein Zündapp-Motorrad an den Start zu einer Motorsportveranstaltung.

Metsch war als 18-jahriger im Ersten Weltkrieg als Motorradfahrer eingesetzt und hätte 1918 »sein« Motorrad gerne behalten. Aber ausgerechnet ein Zündapp-Direktor schnappte ihm bei einer Versteigerung das Motorrad vor der Nase weg, konnte aber damit nichts anfangen, weil Metsch den Zündmagnet besaß. Um das Gefährt fahrbereit zu machen stellte man den jungen Mann einfach ein und wenige Jahre später baute er bei Zündpp die ersten Motorräder.

Mit der brandneuen Z 22 schickte man Hans Metsch 1921 zum damals legendären Würgauer Bergrennen bei Bamberg, von dem er als Sieger nach Hause kam.

Dieser Sieg war der Auftakt zu einer außerordentlichen motorsportliehen Erfolgsserie von Zündapp-Fahrern bei Berg-, Lang- und Rundstreckenrennen sowie bei Gelände- und Zuverlässigkeitsfahrten.

Die meisten dieser Veranstaltungen fanden in den 20er- und 30er Jahren auf unbefestigten Straßen statt; überwiegend waren das Geröll- oder Schotterpisten der übelsten Art. Die hierbei verwendeten Maschinen waren fast durchweg reine Serienprodukte und eigneten sich für den Einsatz bei den verschiedenen Disziplinen.

Zündapp weitet seine sportlichen Aktivitäten aus

Sehr schnell vergrößerte sich der Kreis von Zündapp-Fahrern bei Motorsportveranstaltungen. Von den ersten beiden Erfolgen im Jahr 1921 stieg die Erfolgskurve schnell und stetig an, ehe es 1929, bedingt durch die Weltwirtschaftskrise zu einem Rückgang kam.

Klassensiege bei Rennen im Ausland gesellten sich zu den Inlandserfolgen und in den vom Werk sorgfältig geführten Erfolgslisten findet man unter anderem auch das Kuriosum, dass ein Zündapp-Motorrad bei einer der damals häufigen »Benzinprüfungsfahrten« im Autodrom von Monza am 13.März 1923 mit einem halben Liter Benzin 41,1528 km zurücklegte. Auf der Berliner Avus fuhr eine Zündapp unter offizieller Kontrolle mit einem Liter Treibstoff 133,514 km weit. Man war damals schon sehr genau...

Die Erfolgslisten jener Zeit lassen erkennen, dass Zündapp-Motorräder besonders erfolgreich abschnitten, je länger die zu bewältigenden Distanzen wurden. Veranstaltungen im Jahr 1925, wie die Fernfahrt Paris-Nizza mit 1500 km, die Österreichische Alpenfahrt mit 1800 km, der Giro d'Italia mit 2250 km oder gar 3000 km bei der Internationalen ADAC-Deutschlandfahrt waren die Regel und oftmals kam ein Zündapp-Motorrad als einziges seiner Klasse überhaupt ins Ziel.

Auch Hans Friedrich Neumeyer (vierter Fahrer von rechts), der Sohn des Firmengründers und später dessen Nachfolger im Chefsessel, ließ es sich nicht nehmen, 1922 an sportlichen Wettbewerben teilzunehmen. (Foto: Archiv Sengfelder)

Manchmal weiß man auch nicht, welche Wertung z. B. für den »1.Preis für Dynamik« in der Klasse bis 3 PS bei der Allrussischen Zuverlässigkeitsfahrt über 2000 km von Charkow nach Moskau gültig war. Aber Erfolge dieser Art schlugen sich durch die Werbung positiv in den Verkaufszahlen nieder, immerhin traten als Konkurrenten der heute noch legendären Motorradhersteller an. Die Starterlisten zierten Namen wie BMW, DKW, D-Rad, Schüttoff, Triumph oder Victoria.

Über Stock und Stein

Heute kann man sich kaum vorstellen, was es in jenen Jahren bedeutete, Motorradsport zu betreiben. Bis weit in die 1930er Jahre gab es neben staubigen Schotterstraßen höchstens gepflasterte Straßen, keinen Beton oder Asphalt. Entsprechend war der Fahrkomfort. Gefederte Gabeln waren nicht immer die Regel, an Hinterradfederungen war noch nicht zu denken, die Sättel bestan-

Husslein auf Zündapp bei der Schweinfurter Sportwoche 1922. (Foto: Archiv Sengfelder)

Jacob Weißmantel, der Leiter der Einfahrabteilung, war ein echtes Original und Zündapp-Werksfahrer der ersten Stunde. (Foto: Archiv Sengfelder)

Siege ließen sich schon immer gut vermarkten. Eine Zeitschriftenwerbung von 1924.

Über mehrere Hefte der Zeitschrift Das Motorrad reservierte sich Zündapp 1925 eine ganze Seite für diese Werbung.

den aus hartem Leder und die schmalen, dünnen Hochdruck-Wulstreifen ließen die Räder springen. Gashebel statt Drehgriff, Hand- statt Fußschaltung, Felgen- statt Trommelbremse oder Keilriemen statt Kette, Karbidlampen statt elektrischer Beleuchtung und massenweise Hufnägel durch die unzähligen Pferdefuhrwerke, bescheidene Motorleistungen sowie ein dünnes Tankstellennetz machten den Motorsport noch zu einem regelrechten Abenteuer, ganz zu schweigen von einer witterungsbeständigen Bekleidung. So bleibt die Frage offen, ob man heute mehr die Maschinen jener Zeit oder ihre Fahrer bewundern sollte.

Zündapp stellte die erfolgreichste Mannschaft bei der schwierigen Deutschlandfahrt 1925: Nr. 314 Bremer, Nr. 312 Wucher, Nr. 20 Weißmantel, Nr. 244 Kolmsperger. (Foto: Archiv Sengfelder)

Der erste Deutsche Meister

Die erste deutsche Motorrad-Meisterschaft wurde 1924 ausgefahren. In diesem und dem folgenden Jahr veranstalteten der ADAC und der DMV (Deutsche Motorvereinigung) noch getrennte Meisterschaften. Der ADAC bestimmte die Deutschen Meister 1924 in nur einem Wertungslauf auf dem Schleizer Dreieck; der DMV fuhr seine Meisterschaft bereits ab 1924 in mehreren Läufen aus und vergab auch Titel für Gespanne.

Jacob Weißmantel, Leiter der Einfahrabteilung und Zündapp-Wettbewerbsfahrer der ersten Stunde, war 1924 bereits 38 Jahre alt. Kein Hindernis damals wie heute, noch große Erfolge bei Motorradrennen zu erzielen. Zündapp schickte Weißmantel zunächst nach Schleiz, wo der ADAC am 15. Juni seine Deutschen Meisterschaften ausfuhr. Weißmantel belegte hier bei den 250ern immerhin den vierten Platz. In der DMV-Meisterschaft sicherte er sich aber am 31.

Kolmsperger, Pfarrkirchen, gewann 1925 den Alpenpokal der Internationalen Österreichischen Alpenfahrt. Die Kesselbergstraße hatte damals noch keine Asphaltdecke. (Foto: Archiv Sengfelder)

Bei der Nonstop-Fahrt Mailand-Neapel 1925 schickte Zündapp drei Maschinen ins Rennen, die als einzige geschlossen am Zielort eintrafen. (Foto: Archiv Sengfelder)

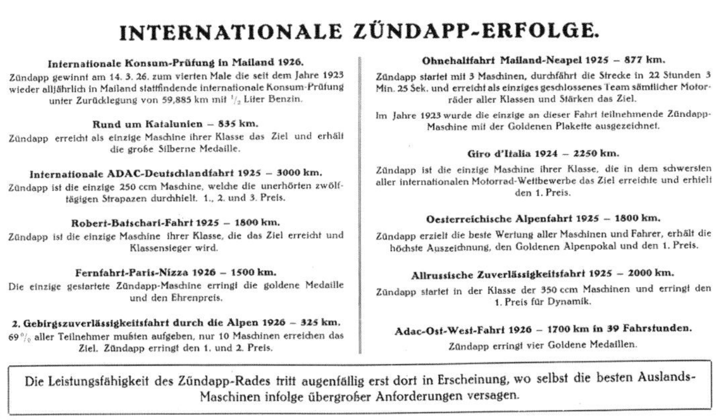

INTERNATIONALE ZÜNDAPP-ERFOLGE.

Internationale Konsum-Prüfung in Mailand 1926.
Zündapp gewinnt am 14. 3. 26. zum vierten Male die seit dem Jahre 1923 wieder alljährlich in Mailand stattfindende internationale Konsum-Prüfung unter Zurücklegung von 59,885 km mit 1/2 Liter Benzin.

Rund um Katalunien – 835 km.
Zündapp erreicht als einzige Maschine ihrer Klasse das Ziel und erhält die große Silberne Medaille.

Internationale ADAC-Deutschlandfahrt 1925 – 3000 km.
Zündapp ist die einzige 250 ccm Maschine, welche die unerhörten zwölftägigen Strapazen durchhielt. 1., 2. und 3. Preis.

Robert-Batschari-Fahrt 1925 – 1800 km.
Zündapp ist die einzige Maschine ihrer Klasse, die das Ziel erreicht und Klassensieger wird.

Fernfahrt-Paris-Nizza 1926 – 1500 km.
Die einzige gestartete Zündapp-Maschine erringt die goldene Medaille und den Ehrenpreis.

2. Gebirgszuverlässigkeitsfahrt durch die Alpen 1926 – 325 km.
69 % aller Teilnehmer mußten aufgeben, nur 10 Maschinen erreichen das Ziel. Zündapp erringt den 1. und 2. Preis.

Ohnehaltfahrt Mailand-Neapel 1925 – 877 km.
Zündapp startet mit 3 Maschinen, durchfährt die Strecke in 22 Stunden 3 Min. 25 Sek. und erreicht als einziges geschlossenes Team sämtlicher Motorräder aller Klassen und Stärken das Ziel.

Im Jahre 1923 wurde die einzige an dieser Fahrt teilnehmende Zündapp-Maschine mit der Goldenen Plakette ausgezeichnet.

Giro d'Italia 1924 – 2250 km.
Zündapp ist die einzige Maschine ihrer Klasse, die in dem schwersten aller internationalen Motorrad-Wettbewerbe das Ziel erreichte und erhielt den 1. Preis.

Oesterreichische Alpenfahrt 1925 – 1800 km.
Zündapp erzielt die beste Wertung aller Maschinen und Fahrer, erhält die höchste Auszeichnung, den Goldenen Alpenpokal und den 1. Preis.

Allrussische Zuverlässigkeitsfahrt 1925 – 2000 km.
Zündapp startet in der Klasse der 350 ccm Maschinen und erringt den 1. Preis für Dynamik.

Adac-Ost-West-Fahrt 1926 – 1700 km in 39 Fahrstunden.
Zündapp erringt vier Goldene Medaillen.

Die Leistungsfähigkeit des Zündapp-Rades tritt augenfällig erst dort in Erscheinung, wo selbst die besten Auslands-Maschinen infolge übergroßer Anforderungen versagen.

Einige der herausragenden Zündapp-Erfolge der Jahre zwischen 1924 und 1926 präsentierten die Nürnberger in dieser Werbeanzeige. (Foto: Archiv Sengfelder)

August mit einem Sieg beim »Inselbergrennen« im thüringischen Großtabarz (heute Tabarz) seinen Deutschen Meistertitel. Zündapp beschränkte sich werkseitig in den Folgejahren auf Zuverlässigkeits- und Geländesport-Veranstaltungen.

Ungezählte Zündapp-Siege

1928 endete die erste Deutsche Sechstagefahrt rund um Pößneck durch den Thüringer Wald auch für die Zündapp-Fahrer sehr erfolgreich mit dem 1. und 2. Preis der Fabrikmannschaften und einer

Hans Tischert war ein Hansdampf in allen Gassen: Er fuhr diverse Siege auf Zündapp ein, reiste um die Welt und schrieb Bücher. (Foto: Archiv Sengfelder)

Jacob Weißmantel mit dem Siegerkranz des Deutschen DMV-Meisters 1924 in der Klasse bis 250 cm³. (Foto: Archiv Sengfelder)

Reihe von Gold-, Silber- und Bronzeplaketten in der Wertung der Einzelfahrer. Auch 1928 gewann bei dieser Veranstaltung Zündapp das Gesamtklassement.

Es würde hier zu weit führen, alle Erfolge von Zündapp-Fahrern im Einzelnen aufzuführen, die ZÜNDAPP-Archiv gefundene Erfolgslisten sind viele Seiten lang.

Die Nazis greifen ein

Mit der Machtübernahme durch die Nationalsozialisten 1933 begann auch im Motorsport eine neue Ära, denn auch auf diesem Gebiet hatte deren Führung das Sagen übernommen und bestimmte nun, wer wo und wie Motorsport betreiben durfte. Das ging nach einem Sitzungsprotokoll der Motorradindustrie vom Januar 1934 so weit, dass Firmen, welche getarnte ausländische Motoren als deutsche Motoren bei sportlichen Veranstaltungen verwenden, nicht mehr zu-

Die erstmals 1928 ausgetragene Deutsche Sechstagefahrt im Thüringer Wald verlangte Fahrern und Maschinen alles ab. (Foto: Archiv Sengfelder)

gelassen werden. Soweit ausländische Motoren in Sportmaschinen eingebaut würden, müsse dies ausdrücklich angegeben werden. Fahrer, die mit getarnten ausländischen Motoren fahren, würden keine Lizenz mehr bekommen.
Dieser Erlass betraf zwar nicht Zündapp, aber doch eine große Zahl deutscher Hersteller, die z.B. Motoren von JAP, MAG, Sturmey-Archer oder Villiers verwendeten. Firmen wie BMW, DKW und NSU erhielten für den Rennsport große finanzielle Zuwendungen, aber auch andere Hersteller gingen nicht leer aus, sie wurden bei Erfolgen mit Prämien bedacht.

Zündapp und die Six Days

1934 fand erstmals die Internationale Sechstagefahrt in Deutschland statt, da die deutsche BMW-Mannschaft – erstmals für Deutschland – 1933 in England die Trophy gewonnen hatte. Auf den Etappen rund

Ein strahlender Sieger: Julius von Krohn bei der IV. Brandenburgischen Dauerprüfungsfahrt im April 1934. (Foto: Archiv Sengfelder)

Hyronimus/Nürnberg auf der Z 300 war bei der Deutschen Sechstagefahrt 1928 einer von sechs strafpunktfreien Fahrern in der Klasse bis 250 cm³. (Foto: Archiv Sengfelder)

Bei der XII. Schweren Fränkischen am 7. Oktober 1934 pilotierte Heinrich Eder aus Fürth ein K 800-Gespann. (Foto: Archiv Sengfelder)

um Garmisch-Partenkirchen errangen Zündapp-Fahrer acht Goldene Medaillen, einen Goldenen Mannschaftspreis und eine Silbermedaille für einen Fahrer, der die K 800 solo durch das Gelände gewuchtet hatte. Die Trophy ging erneut an das BMW-Team, DKW holte sich die Silbervase.

Da Deutschland also wieder die Trophy gewonnen hatte, fanden 1935 die nächsten 6-Days in Oberstdorf statt und wieder gingen drei Gold-, 2 Silber- und 3 Bronze-Medaillen an ZÜNDAPP-Fahrer.

Regelmäßig erfolgten bis zum Kriegsbeginn 1939 die Teilnahmen u.a. an den 3-Tage-Mittelgebirgsfahrten, den damals neben den 6-Days schwersten Geländesportveranstaltungen, Winterprüfungsfahrten, den 2000-km-Deutschlandfahrten oder dem berüchtigten Novemberkasan in Schweden und selbstverständlich auch bei den 6-Days, die 1939 wegen Ausbruch des Krieges zwar fertig gefahren, aber nicht gewertet wurde.

Die Zündapp-Fahrer

Vielleicht gelang es im Krieg diesem oder jenem Fahrer, durch sein im Motorsport errungenes Können die eigene Haut zu retten, aber ein großer Teil von ihnen verlor – wie der sehr erfolgreiche Zündapp-Fahrer Josef Hecker – sein Leben.

Der Krieg vernichtete auch die meisten Archive, in denen die Erfolge der Vorkriegszeit festgehalten waren und oft weiß man noch nicht einmal die Namen jener erfolgreichen Fahrer, die so unzählige Erfolge errungen hatten. Aber Namen wie die der Nürnberger Hans Metsch, Hans Hyronimus, Gmeinhard, Jakob Weismantel aus Fürth, Oskar Bayer, Gunzenhausen; Kolmsberger aus Pfarrkirchen; Linner, München; Josef Dürr, Jakob Stork, Emil Wucher, Karl Steinberger, Hans Weigand, Paul Bütow, Pius Lehner, Olindo Baylon, Mittenzwei mit seiner Frau im Beiwagen, Lore Stösser, Adolf Krug und der berühmte Bernd Rosemeyer. Bei den Seitenwagenfahrern zählten Julius von Krohn und sein Beifahrer Dürr zu den ganz Großen, so wie auch Rudi Grenz, Eugen Haselbeck und Schorsch Weiß.

Zündapp-Werksfahrer Haselbeck aus Nürnberg mit einer K 500 bei der Dreitage-Mittelgebirgsfahrt im Juni 1935. (Foto: Archiv Sengfelder)

Obwohl die Zündapp-Werksmannschaft nicht um Trophy und Silbervasen mitkämpfen konnte, durfte sich die Six-Days-Bilanz 1934 sehen lassen.

Ernst auf KS 600 bei der Bergprüfung bei Immenstadt während der Internationalen Sechstagefahrt 1935 in Oberstdorf. (Foto: Archiv Sengfelder)

Selbst ist die Frau: Die englische Fahrerin Elisabeth Foley war bei den Six Days 1935 mit einer K 500 unterwegs. (Foto: Archiv Sengfelder)

Adolf Krug, Nürnberg, auf DB 200 beim Abschlussrennen der Internationalen Sechstagefahrt 1936. (Foto: Archiv Sengfelder)

Winterprüfung in Bayern im Februar 1937: Nr. 47 Karl Rührschneck, Nr. 46 Adolf Krug, Nr. 48 Manfred Geier – alle auf DB 250. (Foto: Archiv Sengfelder)

Julius von Krohn, immer gut drauf, bei der Dreitage-Mittelgebirgsfahrt 1936 in Thüringen. (Foto: Archiv Sengfelder)

Bei der Dreitage-Mittelgebirgsfahrt 1937 im Bayerischen Wald balancierte Richter/Wünsdorf eine KKS 500 über das Geröll. (Foto: Archiv Sengfelder)

Josef Hecker und Fritz Rotermundt bei der gleichen Veranstaltung auf einem KS 600-Gespann, das sich später bei einem Sturz überschlug. (Foto: Archiv Sengfelder)

Ebenfalls konnte Rudi Seltsam 1937 mit seiner KS 600 in Wales eine Goldmedaille einfahren. (Foto: Archiv Sengfelder)

Am Goldmedaillen-Regen für Zündapp bei der Internationalen Sechstagefahrt 1937 in Wales waren auch Julius von Krohn und Adolf Krug im KS 600-Gespann beteiligt. (Foto: Archiv Sengfelder)

Georg »Schorsch« Weiß auf einer KKS 500 bei der Alpenfahrt 1938. (Foto: Archiv Sengfelder)

Josef Hecker mit einer DS 350 am gefürchteten Steilhang bei der Dreitage-Mittelgebirgsfahrt 1938 im Harz. (Foto: Archiv Sengfelder)

Rudolf Grenz setzte 1938 bei verschiedenen schweren Wettbewerben die KKS 500 ein. (Foto: Archiv Sengfelder)

Josef Hecker startete 1938 bei einigen Rennen auf der KKS 500 R und gewann dabei am 14. August das Loiblpass-Bergrennen in Jugoslawien. (Foto: Archiv Sengfelder)

1939 setzte Zündapp auch 125er Prototypen bei Sportveranstaltungen ein. Hier pilotiert Eugen Haselbeck so eine Maschine durch den Schlamm. (Foto: Archiv Sengfelder)

Georg Weiß war die Zündapp-Allzweckwaffe im Gelände. Hier mit Hans Zimmermann als Beifahrer auf dem KS 600-Gespann bei der Nürnberger Hochleistungsprüfung 1939. (Foto: Archiv Sengfelder)

Adolf Krug nach seinem Sieg am Loiblpass 1939. Speziell für sportliche Einsätze hatte die DS 350 eine Hinterradschwinge mit extrem schräg gestellten Federbeinen erhalten.

TEIL 2
Motorräder und Roller 1947 bis 1982

Kapitel 7: Die Boomjahre bis 1954

Kartoffelpressen und Christbaumständer

Erst im Laufe des Monats Mai fanden sich zur Erledigung der Aufräumungsarbeiten etwa 150 frühere Mitarbeiter und Angestellte wieder im Werk ein, und es war das Verdienst dieser Mitarbeiter, dass so relativ schnell die allernotwendigsten Voraussetzungen für einen Wiederaufbau geschaffen werden konnten.

Der Gedanke an eine Wiederaufnahme der Motorradfertigung freilich verbot sich zunächst völlig, denn der Alliierte Kontrollrat hatte für alle vier Besatzungszonen eine Jahresproduktion an Motorrädern in Höhe von maximal 10.000 Stück vorgesehen, deren Hubraum auf 60 cm^3 begrenzt sein sollte. Dieses Limit wurde später auf 100 cm^3 erhöht. So musste sich jegliche Planung zunächst auf die Herstellung von Artikeln beschränken, für die das Ausgangsmaterial im Werk noch vorhanden oder verhältnismäßig leicht im Nürnberger Raum zu beschaffen – und für die ein vordringlicher ziviler Bedarf vorhanden war.

Daher entstanden nacheinander Achsen und Leiterwagenbeschläge, Kartoffelpressen, Christbaumständer, Fensterreiber – und schließlich sogar transportable Aggregate zur Erzeugung von elektrischem Strom an Baustellen, in Krankenhäusern, Sägewerken usw., wobei noch vorhandene 600er-Motoren Verwendung fanden. Mit diesen primitiven Ersatzfertigungen war im Wesentlichen die zweite Jahreshälfte 1945 ausgefüllt.

Bis zum Oktober 1944 waren die Werksanlagen in Nürnberg, wo beinahe 3500 Menschen arbeiteten, trotz zahlreicher Luftangriffe von den Kriegseinwirkungen weitgehend verschont geblieben. Umso schwerer litten sie unter den Luftangriffen in den letzten Kriegsmonaten und den Kämpfen bei der Einnahme Nürnbergs im April 1945. Kein Fabrikteil blieb unbeschädigt, die Produktion war nahezu zum Erliegen gekommen.

Am 17. April 1945 schließlich besetzten amerikanische Truppen die am westlichen Stadtrand Nürnbergs gelegenen Werke.

Der kleine, im Werk verbliebene Werkschutz-Trupp war nach der Besetzung der Werksanlagen durch amerikanische Truppen zur Untätigkeit verdammt und schließlich nach Hause geschickt worden. Anarchie und Chaos herrschte dadurch an den Tagen bis zur endgültigen Kapitulation der Stadt am 20. April 1945 wie auch in der sich unmittelbar anschließenden Zeit.

Der Mühlenbau erweitert das Geschäftsfeld

Im Juli aber traf Hans-Friedrich Neumeyer, schwer erkrankt an Gelenkrheumatismus in seinem Haus in Egloffstein liegend, eine wichtige unternehmerische Entscheidung. Sie sollte dem Werk neuen Auftrieb geben: Zündapp verband sich mit dem Besitzer der in Ostdeutschland demontierten Mühlenbauanstalt Hipkow & Co., Gassen, Wilhelm Wiegand, als stillem Teilhaber. Dieser verfügte über die notwendigen Zeichnungen und Unterlagen; er brachte das Wissen, einen treuen Kundenstamm und einen gut eingeführten Namen mit. Ein erheblicher, abgrenzbarer Teil der vorhandenen Fabrikanlagen wurde also ab Herbst 1945 der Produktion dringend benötigter Müllereimaschinen zugeführt. Bereits im Frühjahr 1946 wurden die ersten Maschinen abgeliefert.

Eitel-Friedrich Mann und die Nähmaschinen

Im November 1946 bestellten die beiden Zündapp-Gesellschafter, Hans-Friedrich Neumeyer und seine Schwester Elisabeth Mann einen neuen Geschäftsführer. Dieser war Dipl.-Ing. und Dr.rer.pol., hieß Eitel-Friedrich Mann und war mit Elisabeth verheiratet. Er, Jahrgang 1910, war am 2. September 1946 in die Firma eingetreten. Der neue Geschäftsführer und spätere Teilhaber prägte das Schicksal des Unternehmens in den folgenden Jahren und Jahrzehnten. Er war nicht nur auf den Motorradbau fixiert, sondern versuchte, mit Zündapp neue Geschäftsfelder zu erschließen. Der Mühlenbau war ein Bestandteil der neuen Unternehmensstrategie, vor allem baute er eine Nähmaschinen-Fertigung auf, um die Auslastung zu erhöhen.

Im Sommer 1945 wurde durch die Zusammenarbeit mit dem Mühlenbauer Hipkow & Co. die Produktionskapazitäten in Nürnberg ausgelastet.

Diese Gries- und Dunstputzmaschine in Einfachausführung gehörte zum umfangreichen Angebot an Müllerei-Maschinen. (Foto: Archiv Günter Sengfelder)

Die Nähmaschinen liefen so gut, dass nach Anlauf der Motorradproduktion auf Anregung und dann auch unter Leitung von Dr. Mann in München ein eigenes Nähmaschinenwerk entstand. Das Münchner Werk wurde am 11. September 1950 gegründet, und von da ab lief die Firmengeschichte gleichsam zweispurig.

Die Gesamtfertigung an Motorrädern, Müllerei- und Nähmaschinen hatte schon 1949 einen solchen Umfang angenommen, dass das Nürnberger Unternehmen an Kapazitätsgrenzen stieß. Daher besann man sich auf das Kerngeschäft und trennte sich 1952 wieder vom Mühlenbau und verkaufte diesen in die Schweiz. Die Nähmaschinenproduktion blieb davon unberührt.

Endlich wieder Motorräder!

Inzwischen konnte, wenn auch in bescheidenstem Umfang, die Motorrad-Fertigung wieder anlaufen. Aufgrund der erneut gelockerten Bestimmungen gab es nun keine Hubraum- und Mengenbegrenzungen mehr, doch an eine Neukonstruktion war nicht zu denken. Doch stand ja mit der bewährten Vorkriegs-DB 200 ein erprobtes, zuverlässiges Zweitaktmodell zur Verfügung. Auch wenn dieses, der Situation entsprechend, in der äußeren Ausstattung noch recht sparsam und bescheiden sein musste.

Am 12. August 1947 begann daher dank einer Sondererlaubnis der amerikanischen Besatzungsmacht bei Zündapp die Nachkriegszeit. Das erste neue Motorradmodell war die alte Derby DB 200, hatte also den 197 cm^3-Motor, die Pressstahl-Trapezgabel und das starre Heck. Das tat ihrer Beliebtheit aber überhaupt keinen Abbruch. Die DB 200 erhielt den Beinamen »Bauernmotorrad« und das durchaus in positivem Sinne, sprach dies doch für ihre Robustheit und ihre Zuverlässigkeit.

Zu den Schwierigkeiten des Wiederaufbaus gehörte aber auch, dass in eben jenem Jahr, völlig unerwartet, die Militärregierung eine Treuhänderschaft verfügte. Der Betrieb war damit, warum auch immer, Eigentum der Besatzungsmacht geworden – und es dauerte immerhin noch bis Anfang 1949, ehe diese Treuhänderschaft erlosch und das Unternehmen reprivatisiert werden durfte. Der wieder aufgenommenen Motorradproduktion schadete das allerdings weniger als vielleicht zu befürchten gewesen wäre; unmittelbar nach der Währungsreform (die am 21. Juni 1948 stattfand) stiegen Umsatz und Erlöse auf dem Fahrzeugsektor stark an, was nicht zuletzt daran lag, dass das zunächst einzig angebotene Modell DB 200 kaum mehr 1000 der neuen D-Mark kostete. Auch wenn das Geld knapp war, so war die Zündapp so preiswert, dass auch weniger Begüterte sich nun ein ordentliches Motorrad leisteten – 15.000 neue Maschinen konnten die Nürnberger alleine 1949 absetzten, etwa das Vierfache der Summe von 1948. 1950 verdoppelte sich der Ausstoß dann nochmals. Mit steigendem Wohlstand sanken die Zuwachsraten. 1951 wurden 33.000, 1952 dann rund 37.500 Einheiten ausgeliefert.

Neustart mit den Vorkriegsmodellen

Dem ersten neuen Zündapp-Modell folgten nun zunehmend immer weitere. Für den deutschen Markt ebenso wie für ausländische Käufer, in deren Länder vielfach kein geringerer Warenhunger herrschte als in Deutschland, gab es wieder Zündapp-Motorräder. Wie richtig im Übrigen die Entscheidung für ein 200er Modell gewesen war, sollte sich erst in den nächsten Jahren erweisen: das »Motorrad für Jedermann« kam auf den größten Zulassungsanteil in der 200 cm^3-Klasse. Die DB 200 beziehungsweise ihre Nachfolgerin sollten als ausgesprochene Gebrauchsmaschinen bis zur Aufnahme der Rollerfertigung im Jahr 1953 die meistverkauften Maschinen ihrer Klasse bleiben.

Anstelle des schwer erkrankten Hans-Friedrich Neumeyer übernahm Dr. Eitel-Friedrich Mann, Neumeyers Schwager, im November 1946 die Leitung der Zündapp-Werke.

Schon im August 1947 konnte bei Zündapp wieder die Fertigung der guten alten DB 200 beginnen.

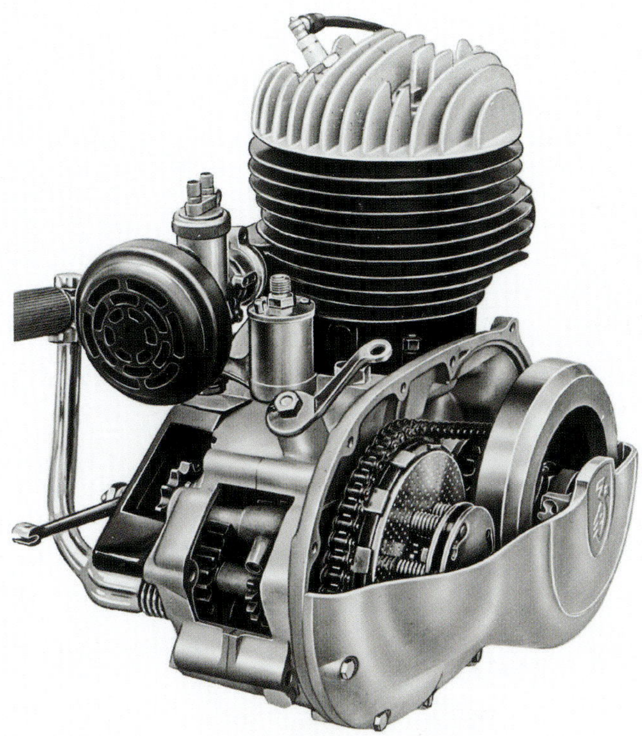

7 PS leistete der unverändert gebliebene 198-cm³-Zweitaktmotor der DB 200.

Ebenfalls noch ab 1947 entstanden – weitestgehend aus Restbeständen und in direktem Auftrag für die Alliierten – rund 500 »überschwere« Militärgespanne KS 750 mit Steib-Seitenwagen BW 40. Die KS 750 mit 751-cm³-Boxer-ohv-Motor war eine Entwicklung für die Wehrmacht und 1940 bis 1944 auch ausschließlich für den Kriegseinsatz gebaut worden. 1948/49 dachte man bei Zündapp auch daran, die Maschine für zivile Zwecke – und speziell für den Export – weiterzubauen, entschied sich da aber dann doch für die KS 600. Genauer gesagt KS 600 »Kardan-Sport«, wie die von 1938 bis 1941 gebaute Maschine zu dieser Zeit vollständig genannte wurde. Da die Nachfolgerin KS 601 noch etwas auf sich warten ließ, legte Zündapp auch diese Maschine 1949/50 noch einmal auf. 2550 frische DM waren damals für die meisten Deutschen ein wahres Vermögen, für das es 145 km/h Höchstgeschwindigkeit und 28 PS gab. Die Trapezfedergabel war noch ebenso obligatorisch wie eine fehlende Hinterradfederung.

Die Vorkriegs- bzw. Kriegsmodelle im Überblick

Zündapp Derby DB 200	**1947-1951**	**37.000 Stück**
1-Zyl.-2-Takt	198 cm³	7 PS / 4000 U/min
Zündapp KS 750	**1947-1948**	**464 Stück**
2-Zyl.-4-Takt-Boxer	751 cm³ ohv	26 PS / 4000 U/min
Zündapp KS 600	**1949-1951**	**502 Stück**
2-Zyl.-4-Takt-Boxer	597 cm³ ohv	28 PS / 4700 U/min

Die Zündapp-Werksanlagen an der Dieselstraße in Nürnberg im Jahre 1952. Links vor den Hallen entstand wenige Jahre später noch die »Janus-Halle«.

Im Auftrag der Amerikaner – und nur für deren Nutzung – baute Zündapp 1947/48 noch einmal 464 KS 750-Gespanne aus Materialrestbeständen auf.

Ohne Nummernschildösen auf dem vorderen Schutzblech entstanden zwischen 1949 und 1951 auch 500 Maschinen des Typs KS 600.

Die 200er Derby-Comfort- und Norma-Modelle

Die beliebte DB 200 erschien 1950 als verbessertes Modell mit der Bezeichnung Derby DB 201. Neu waren unter anderem die ungedämpfte Telegabel und der überarbeitete Motor, der jetzt 7,5 PS leistete. 13.400 dieser Maschinen wurden allein 1950 gebaut und eine DB 201 war im gleichen Jahr auch die insgesamt 300.000. Zündapp-Maschine.

Schon im Jahr darauf wurde die Derby mit einem neuen Ziehkeilgetriebe ausgeliefert, das nun vier Gänge hatte und mit dem Fuß geschaltet werden konnte. Die DB 202 hatte serienmäßig immer noch keine Hinterradfederung, gegen Aufpreis konnte aber eine Jurisch-Hirafe geordert werden. Ab 1952 – in diesem Jahr bauten die Nürnberger 37.500 Motorräder – und mit der Modellbezeichnung Comfort DB 203 war die Hinterradfederung dann serienmäßig. Außerdem sorgten ein neuer Zylinder (Umstellung auf die Schnürle-Umkehrspülung) und der Bing-Doppel-Registervergaser für eine erneute Leistungssteigerung auf 8,7 PS. Optisch hatte sich die 200er noch nicht sonderlich verändert, sieht man von tiefer gezogenen Schutzblechen und den später serienmäßig eingeführten Zigarren-Auspuffrohren ab. Die Kette konnte in einer offenen Abdeckung oder in einem geschlossenen Kettenkasten ihre Arbeit verrichten. Eine Abwandlung der DB 203 stellte die preiswerte Norma DB 204 dar. An ihr fehlte jeglicher Zierrat; alles war schwarz lackiert und der Zylinder hatte nur einen Ausgang anstelle der sonst verwendeten Doppelport-Auspuffanlage. Diese Maschine fand wenig Anklang beim Publikum und wurde noch 1953 durch die Norma-Luxus DB 234 ersetzt, die gleichzeitig den Entwicklungsendstand der Derby-Reihe markierte. Die Einportanlage blieb, aber es gab wieder blitzendes Chrom, poliertes Aluminium und Zierlinien auf dem Lack. Der geschlossene Kettenkasten und die Jurisch-Hirafe waren Standardbauteile. Die Norma-Luxus wurde auch in feinem Geländesport-Trimm angeboten und so unter anderem in die USA exportiert. 1955 lief die alte DB-200-Reihe aus.

Bereits 1950 lief die Produktion bei Zündapp wieder auf Hochtouren. Gefeiert werden konnte auch das 300.000. Motorrad seit Beginn der Zweiradfertigung 1922. Natürlich handelte es sich um eine Derby.

Die Derby- und Norma-Modelle 1950-1955 im Überblick

Zündapp Derby DB 201	**1950-1951**	**38.700 Stück**
1-Zyl.-2-Takt	198 cm^3	7,5 PS / 4200 U/min
Zündapp Derby DB 202	**1951-1952**	**16.750 Stück**
1-Zyl.-2-Takt	198 cm^3	7,5 PS / 4200 U/min
Zündapp Comfort DB 203	**1952-1953**	**25.064 Stück**
1-Zyl.-2-Takt	198 cm^3	8,7 PS / 4250 U/min
Zündapp Norma DB 204	**1952-1953**	**14.728 Stück**
1-Zyl.-2-Takt	198 cm^3	8,3 PS / 4600 U/min
Zündapp Norma Luxus DB 234	**1953-1955**	**19.208 Stück**
1-Zyl.-2-Takt	198 cm^3	8,3 PS / 4600 U/min

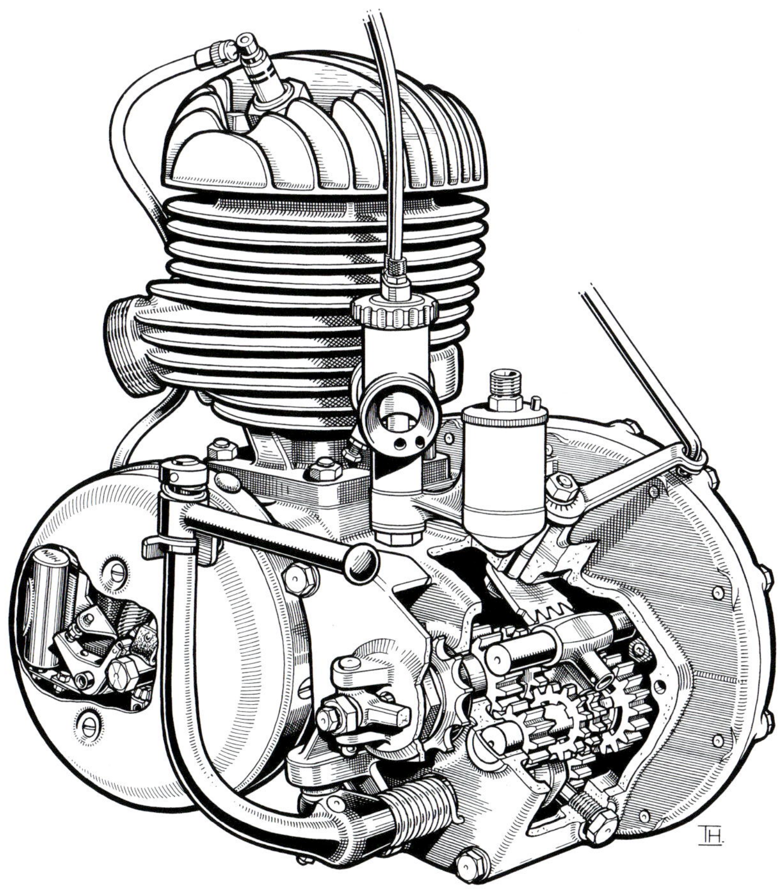

Ein kürzerer Ansaugweg und die verbesserte Füllung durch eine optimierte Vierstromspülung machten die Leistungssteigerung möglich.

Mit einer Telegabel ausgerüstet und mit einem halben PS mehr Leistung ersetzte 1950 der Typ Derby DB 201 die DB 200.

Vier statt drei Getriebegänge und 95 Mark Mehrpreis unterschieden im Wesentlichen die Zündapp Derby DB 202 vom Modell 201.

Detailaufnahmen des neuen DB 202-Triebwerks mit 7,5 PS und vier Gängen …

»Comfort« bedeutete bei der Zündapp Comfort DB 203 ab 1952 mehr Leistung und die Hinterradfederung serienmäßig.

KS 601

KS stand bei Zündapp für »Kardan Sport« und tatsächlich bewährte sich der »grüne Elefant«, wie die große Zündapp wegen ihrer grünen Lackierung genannt wurde, mit und ohne Beiwagen im damals sehr beliebten Geländesport. Die KS 601 war zwar mit rund 7000 verkauften Exemplaren nicht gerade ein »Bestseller«, wie man heute sagen

… und der DB 202-Vorderradführung mit ungedämpfter Telegabel, dafür aber mit Lenkungsdämpfer.

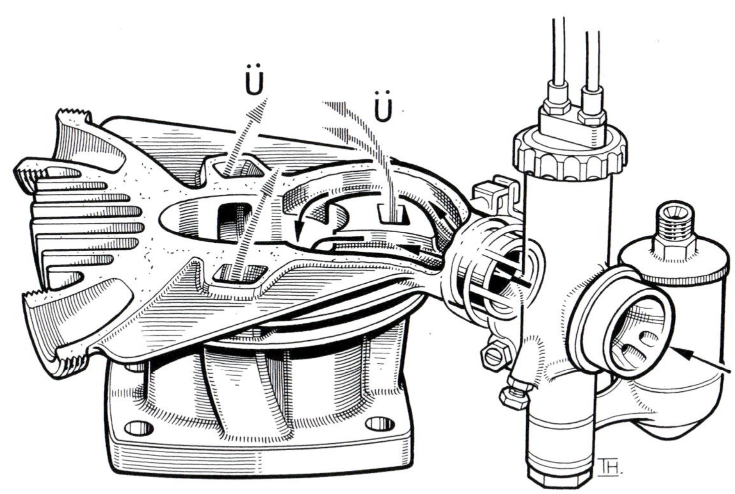

Der Schnitt durch den Zylinder der DB 202 zeigt die Vierstromspülung, die Zündapp immer noch wegen der DKW-Alleinlizenz der Umkehrspülung einsetzen musste.

Ab der DB 203 durften auch Zündapp-Motoren mit der Schnürle-Umkehrspülung ausgestattet werden, was einen enormen Leistungsschub mit sich brachte.

Das Modell Norma DB 204 war die preiswerte Variante der DB 203. Ohne Zierrat und ohne Hinterradfederung war die Maschine 160 Mark billiger.

Die Zündapp Norma Luxus DB 234 war die letzte Entwicklungsstufe der aus Vorkriegszeiten stammenden Derby-Reihe.

Das Modell DB 234 wurde – speziell für den US-amerikanischen Markt – auch in einer Geländesport-Version (Scrambler) angeboten.

würde, bescherte der Marke Zündapp aber einmal mehr einen gewaltigen Imagegewinn. Mit 28 PS war sie exakt so stark wie die BMW R 67, mit der sie sich in dieser Klasse den deutschen Markt aufteilte. 1952/53 kam die Maschine als KS 601 Sp (Sport) mit einem leistungsgesteigerten Motor (34 PS), Aluminium-Vollnabenbremsen und Felgen aus gleichem Material heraus. Mit 155 km/h Spitzengeschwindigkeit war diese Maschine die schnellste Serien-Zündapp aller Zeiten. Und sie erwarb sich den Ruf als ebenso unverwüstliche Straßen- wie als robuste, zuverlässige und oft überlegene Wettbewerbsmaschine in schwersten internationalen Konkurrenzen.

Die Grünen Elefanten 1950-1958 im Überblick

Zündapp KS 601	**1950-1957**	**4990 Stück**
2-Zyl.-4-Takt-Boxer	597 cm^3	28 PS / 4700 U/min
Zündapp KS 601 Sport	**1952-1958**	**1440 Stück**
2-Zyl.-4-Takt-Boxer	597 cm^3	34 PS / 6000 U/min

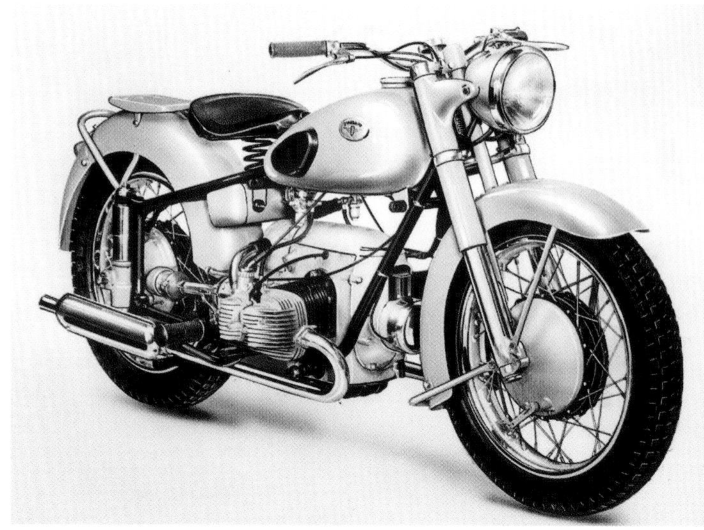

Mit der KS 601, hier in der Ausführung von 1956, konnte Zündapp dem bayrischen Konkurrenten BMW letztmalig Paroli bieten. Rein wirtschaftlich war die Maschine aber eher eine Belastung für die Nürnberger.

Prospektabbildung der KS 601 in einer sehr frühen Ausführung mit Fischschwanz-Schalldämpfer.

Blick auf die Teleskopgabel der KS 601 mit zentral angeordnetem Öldämpfer zwischen den Gabelholmen.

Die KS 601 Sport war mit 34 PS (der Prospekt gibt nur 33 PS an) das leistungsstärkste Zündapp-Serienmodell, das je gebaut wurde.

Zwei Schrägstromvergaser befeuerten die Zylinder; unter dem Ansaugrohr das Gestänge für den Schaltautomaten und zum Hinterrad führend die gekapselte Kardanwelle.

Wegen ihrer Lackierung erhielt die Zündapp KS 601 den Beinamen »Grüner Elefant«. Im Bild eine KS 601 Sport von 1953 in US-Ausführung mit hohem Lenker. (Foto: Darrel Spinosi © bmwmca.org)

Kapitel 8: Abschwung und Ende
Die Jahre 1955 bis 1981

1950 wurden in Deutschland über 200.000 motorisierte Zweiräder in den Hubraumklassen von 98 bis 598 cm^3 in Westdeutschland ausgeliefert. Zwei Jahre später erreichte der Ausstoß rund 350.000 Exemplare und damit den Höhepunkt in der deutschen Motorradgeschichte überhaupt. Konstruktiv erklommen viele Hersteller 1953 den Gipfel, was anhand der auf der IFMA (Internationale Fahrrad- und Motorradausstellung) in Frankfurt/Main vorgestellten zahlreichen neuen Modelle deutlich wurde. Viele dieser Maschinen konnten aber gar nicht mehr in eine Serienproduktion überführt werden; die dramatisch abstürzenden Verkaufszahlen des Jahres 1954 machten viele Träume zunichte und bedeuteten für einige Marken schon das frühe Aus. Die Konkurrenz schrumpfte nach 1954 mehr und mehr zusammen. Zum Jahresende erwischte es zunächst den Traditionshersteller Tornax, viele weitere sollten folgen: Bis 1959 reduzierte sich die Zahl der Zweirad-Hersteller auf 16 Marken; im Jahr zuvor hatte erstmals aus Mangel an Beteiligung die IFMA abgesagt werden müssen. Die Gründe für den Niedergang der deutschen Motorradindustrie waren vielfältig. Der sich sehr schnell entwickelnde, wenn auch immer noch bescheidene Wohlstand verlangte nach einem Dach über dem Kopf. Da galt ein Kabinenroller oder Kleinstwagen eben mehr als ein Motorrad mit oder ohne Seitenwagen. Die Gesellschaft und die Politik stellten sich gegen das Motorrad, was dazu führte, dass Motorradfahrer nicht selten als asozial abgetan, ja beinahe geächtet wurden. Und mit Billigung der Politiker erhöhten sich ab Mitte 1955 die Versicherungsprämien für Motorräder drastisch: um 33 % bei den Hubraumklassen 100 bis 175 ccm, um 35 % bei den 200ern und 250ern, um sagenhafte 85 % von 300 bis 500 cm^3 und um 80 % über 500 cm^3. Gleichzeitig blieben die Prämien für Rollermobile und Kleinstwagen stabil. Das führte dazu, dass eine 175er Zündapp teurer zu versichern war als ein »Leukoplastbomber« von Lloyd und eine 500er BMW mehr kostete als ein Volkswagen. Wer einfach ein simples Transportmittel braucht, um möglichst billig von A nach B zu gelangen, der kaufte sich lieber ein billiges Moped, das reichte für kurze Strecken allemal, und sparte eisern, um sich einen grebrauchten VW leisten zu können. Das bescherte den 50ern stabile Absatzzahlen und hielt einige am Abgrund stehende Zweiradhersteller noch etwas am Leben.

Die Modellvielfalt und teure Neukonstruktionen bei gleichzeitig sinkendem Absatz bedeuteten für viele Hersteller den schnellen Tod. Das Motorrad als Spaß- und Freizeitobjekt wurde erst in den sechziger Jahren entdeckt. Da hatten die meisten deutschen Herstellern schon längst mit dem Thema abgeschlossen, waren pleite oder hatten ihre Motorradsparte geschlossen oder verkauft.
Die Zahl in Deutschland zugelassener Motorräder nahm rapide ab. Waren es 1960 immerhin noch fast 1,9 Millionen Zweiräder ab 98 cm^3, sank die Zahl bis 1972 auf gerade mal noch knapp 200.000 Maschinen ab. Motorräder waren völlig unpopulär und die wenigen übriggebliebenen Hersteller (außer BMW) schleppten sich durch das Jahrzehnt und überlebten vor allem dank des weniger dramatisch eingebrochenen Moped- und Mokick-Markts.

Zündapp-Motorräder immer noch gefragt

Ende Mai 1953 konnte die Fertigstellung der 400.000sten Maschine aus Nürnberger Fertigung gemeldet werden, im Dezember die Auslieferung des 500.000sten Zündapp-Motorrads, einer Elastic. 1955 lief die Produktion der Motorroller im Nürnberger Werk auf vollen Touren (nachdem das Käuferpublikum den Roller in vielen Fällen

Ende Mai 1953 lief in Nürnberg das 400.000ste Zündapp-Motorrad vom Montageband.

1954 gab Zündapp eine umfangreiche Bilderserie über die Nürnberger Fertigungsanlagen heraus, von denen hier eine kleine Auswahl gezeigt werden soll. Das erste Foto zeigt die Stanzerei.

Die Rundschleiferei.

Das Montageband für die 200-cm³-Zweitaktmotoren.

Der Werkzeugmaschinensaal für die Motorradfertigung.

Teilansicht der Maschinenreihen im Werk I.

Die Autogen-Schweißanlage im Rahmenbau mit den Flaschenbatterien im Hintergrund und der Ringleitung mit sechs Zapfstellen.

dem Motorrad vorzuziehen begann). Trotzdem war die Nachfrage gerade nach den bewährten Zündapp-Motorrädern so groß, dass auch die aus der Elastic entstandenen neuen Modelle 175 S und 200 S ihre Käufer fanden. Andererseits war auch bei Zündapp nicht zu übersehen, dass das potentielle Kaufinteresse sich mehr und mehr vom Zweirad auf das Auto verlagerte. Auch das billigere Moped befand sich im Aufwind. Doch während andere bedeutende Motorradwerke bereits resignierten und den Motorradbau ganz aufgaben, war es nicht zuletzt der Initiative des Zündapp-Firmenchefs zu verdanken, dass das Programm durch eine schnelle, sportliche Maschine, die 250 S, ergänzt wurde.

Fertigmontage und Prüfstand für die Norma- und Comfort-Modelle.

Ein kleiner Teilausschnitt des Ersatzteillagers.

Die Elastic-Modelle

Im Dezember 1953 kam das 500.000ste Zündapp-Motorrad zur Auslieferung; es war eine DB 205 Elastic 200, die noch im gleichen Jahr die Derby-Modelle ablöste. »Elastic« stand bei Zündapp für die auf zwei Federbeinen abgestützte Hinterradschwinge. Diese 200er war eine völlige Neuentwicklung, lediglich die Telegabel und das Getriebe wurden von der parallel gebauten Norma-Luxus übernommen. Optisch war die neue Maschine – speziell für die traditionelle Zündapp-Kundschaft – gewöhnungsbedürftig, was vor allem am »Kommissbrot«-Tank lag. Optische Verfeinerungen mit Chrom, Zierlinien und Sitzbezug sollten bei den späteren Serienmodellen das Gesamtbild etwas freundlicher erscheinen lassen. Der Rahmen der 200er war übrigens immer noch so ausgelegt, dass ein Beiwagen montiert werden konnte. Das galt auch für die 1954/55 gefertigte größere Schwester DB 255 Elastic 250. Optisch hob diese sich durch Leichtmetall-Vollnabenbremstrommeln und dem unter dem Sitz integrierten Kasten, der den Ansauggeräuschdämpfer und die Batterie aufnahm, ab. Speziell für den amerikanischen Markt, wo die deutschen Motorräder fast ausschließlich ohne Beiwagen gefahren wurden, entwickelte Zündapp für die KS 601 eine Hinterradschwinge mit verstellbaren Federbeinen. 1956/57 konnte dieses Modell als »KS 601 Elastic« mit dem stärkeren Motor der Sp geordert werden. Die große Maschine ließ sich aber kaum noch absetzen und damit längst nicht mehr wirtschaftlich produzieren. Daher endete mit dem Zündapp-Umzug nach München (schon seit 1953 produzierte das Unternehmen in der bayerischen Landeshauptstadt auch Mopeds) die Produktion der wohl legendärsten aller Zündapp-Maschinen.

Die Zündapp Elastic-Modelle im Überblick

Zündapp DB 205 Elastic 200	**1953-1955**	**8000 Stück**
1-Zyl.-2-Takt	198 cm^3	9,5 PS / 4700 U/min
Zündapp DB 255 Elastic 250	**1954-1955**	**5000 Stück**
1-Zyl.-2-Takt	246 cm^3	13 PS / 5200 U/min
Zündapp KS 601 Elastic	**1956-1957**	**202 Stück**
2-Zyl.-4-Takt-Boxer	597 cm^3	34 PS / 6000 U/min

Detailschnitt von Schalldämpfer und Luftfilter der Elastic 200.

»Elastic« stand bei Zündapp ab 1953 für die neue Hinterradschwinge. Außerdem waren die Maschinen (im Bild die DB 205 Elastic 200) durch den »Kommissbrot«-Tank und die neue Sitzform gekennzeichnet.

Leichtmetall-Vollnabenbremsen und der Batteriekasten unter dem Sitz unterscheiden die DB 255 Elastic 250 von der kleineren Schwester.

Detailaufnahme der Elastic 250 mit der damals als formschön geltenden Lampen-Gabelholm-Partie.

Mit 13 PS war die 250er Elastic-Zündapp keine Hochleistungsmaschine; um einen Beiwagen mitzuziehen, reichte es aber allemal.

Ausschließlich für den US-amerikanischen Markt produzierte Zündapp die KS 601 Elastic mit Hinterradschwinge, durchgehender Sitzbank und hohem Lenker.

Die Zündapp S-Modelle

Kaum ein Jahr nach Einführung der Elastic-Modelle erschien die 200er – erneut überarbeitet – als Zündapp 200 S. Der Tank war wieder runder, die Schutzbleche und der Kasten unter dem Sattel noch üppiger geworden. Abgespeckt hatte man dagegen den Rahmen, der jetzt keinen Seitenwagenbetrieb mehr zuließ. Die Motorleistung hatte noch einmal deutlich zugelegt und rangierte mit 12 PS an der Spitze damaliger 200-cm^3-Zweitaktmotoren. Das Ganze rollte jetzt auf 16-Zoll-Rädern. Ab 1956 bot Zündapp diese Maschine als 201 S parallel mit einer geschobenen Langschwinge als Vorderradführung an. Doch schon kurz darauf, 1958, endete damit die lange Erfolgsgeschichte der 200er Zweitakter.

Nach München retten konnte sich dagegen eine 1956 erstmals angebotene Maschine mit 175 Kubik. Die 175 S, die nahezu baugleich mit der 200 S war, sollte, wie bei anderen Herstellern auch, den neuen Steuer- und Versicherungssätzen ein Schnippchen schlagen, war aber kaum beliebter als die 200er. Nach dem Gewinn der Welttrophy bei der Internationalen Sechs-Tage-Fahrt 1957 wurde die 175er in 175 Trophy S umbenannt. Und wie bei der 201 S konnte das Motorrad wahlweise mit Vorderradschwinge anstelle der Telegabel bestellt werden.

1956 löste auch eine neue 250er, erstmals mit hydraulischem Lenkungsdämpfer, die Elastic 250 ab. Die sehr elegante 250 S, die wieder wahlweise mit Telegabel oder Schwinge bestellt werden konnte, fristete aber eher ein Schattendasein. Steuer- und Versicherungsprämien und der Trend zum Kabinenroller oder Kleinstwagen setzten besonders diese Hubraumklasse unter Druck. Dennoch wurde die 250er, die ab 1958 auch Trophy S hieß, neben der 175er noch bis 1963 gebaut. Die meisten 250er gingen allerdings als »Super Sabre« mit hohem Lenker und anderen kleinen Änderungen in die USA. Ab 1960 war die Trophy S nur noch mit einer Telegabel lieferbar, während gleichzeitig ihre Räder von 16 auf 18 Zoll umgestellt worden waren. Ebenfalls ab 1960 konnten die Sondermodelle 175 SE und 250 SE mit einer Dynastartanlage des erfolgreichen Bella-Rollers geordert werden. 1963 ließ Zündapp diese 50er-Jahre-Modelle auslaufen.

Am 1. Juli 1958 wurden die Nürnberger Zündapp-Werksanlagen an Bosch verkauft. Die Motorradfertigung wurde komplett nach München verlegt, und dort nahm ein neues Kapitel der Zündapp-Geschichte Fahrt auf.

Die Zündapp S-Modelle im Überblick

Zündapp 200 S	1955-1957	11.284 Stück
1-Zyl.-2-Takt	197 cm^3	12 PS / 5400 U/min
Zündapp 201 S	**1956-1958**	**4151 Stück**
1-Zyl.-2-Takt	197 cm^3	12 PS / 5400 U/min
Zündapp 175 S	**1956-1958**	**4800 Stück**
1-Zyl.-2-Takt	174 cm^3	10,5 PS / 5400 U/min
Zündapp 175 Trophy S	**1958-1963**	**1800 Stück**
1-Zyl.-2-Takt	174 cm^3	10,5 PS / 5400 U/min
Zündapp 250 S	**1956-1958**	**4550 Stück (mit Trophy S)**
1-Zyl.-2-Takt	245 cm^3	14,5 PS / 5500 U/min
Zündapp 250 Trophy S	**1958-1963**	**4550 Stück (mit 250 S)**
1-Zyl.-2-Takt	245 cm^3	14,5 PS / 5500 U/min
Zündapp 175 Trophy SE	**1960-1963**	**1800 Stück (mit Trophy S)**
1-Zyl.-2-Takt	174 cm^3	10,5 PS / 5400 U/min
Zündapp 250 Trophy SE	**1960-1963**	**4550 Stück (mit S und Trophy S)**
1-Zyl.-2-Takt	245 cm^3	14,5 PS / 5400 U/min

Als 201 S gab es die letzte Nürnberger 200er ab 1956 auch mit einer Langschwinge zur Vorderradführung.

Für das Modelljahr 1958 bekam die 175er die Zusatzbezeichnung »Trophy«. Wahlweise konnte eine Langschwinge oder eine Telegabel geordert werden.

Runder Tank, üppige Schutzbleche und mit 12 PS damals ein Spitzenwert: Die Zündapp S 200 in der Ausführung mit Teleskopgabel. (Foto: Jean Neef, Leipzig)

Langschwinge oder Telegabel, diese Frage stellte sich auch für die ab 1956 gebaute Zündapp 175 S.

Die Heckpartie der Zündapp 175 S mit geschlossenem Kettenkasten, kräftigem Federbein und Leichtmetall-Vollnabentrommelbremse.

1956 löste die Zündapp 250 S das Elastic-Vorgängermodell ab. Ihre 14,5 PS waren ein Mittelwert in dieser Klasse.

Die KS 75- und KS 100-Modelle

Ab 1960 galt bei den Münchnern inzwischen sogar ein 75-cm^3-Maschinchen mit der Bezeichnung KS 75 als Motorrad. Die Entwicklungsbasis bildete das Kleinkraftrad KS 50 Falconette, weshalb die KS 75 ebenfalls diese Zusatzbezeichnung erhielt. Die Maschinen sahen sich sehr ähnlich, der Motor des »Motorrads« kam jedoch ohne Kühlgebläse aus. 5,6 PS reichten für 78 km/h (Werksangabe), der 11,5-Liter-Tank für eine längere Tour. Steckachsen und Blinker waren 1960 durchaus nicht alltäglich und konnte noch als modern gelten.

Die Entwicklung der KS 75 wiederum legte ab 1963 die Basis für ein weiteres Modell mit 100 cm^3 Hubraum namens KS 100. In erster Linie steuerliche Gründe sprachen zu Beginn der sechziger Jahre für diesen Hubraum, der, als günstigste Motorradklasse bei Steuer und

Versicherung, billiger war als der eines Kleinkraftrades mit 50 cm³. Mit ihrer Telegabel und der hinteren, von zwei kräftigen Federbeinen abgestützten Schwinge unterschied sich die KS 100 von den hubraumschwächeren Zündapp-Modellen jener Zeit, konnte ihre Herkunft aus der Mopedentwicklung aber dennoch nicht leugnen. Mit den 8,2 PS des Zweitakters, dank derer die Maschine mit etwas Rückenwind 100 km/h erreichte, war die Zündapp der damaligen Konkurrenz – die zu dieser Zeit praktisch ausschließlich auf Sachs-Motoren setzte – überlegen.

Problemlos die 100 km/h-Grenze schaffte ab 1967 die KS 100/2 (auch einfach nur weiter KS 100 oder KS 100 Sport genannt) mit ihrem 10-PS-Motor, der an dem modernen fächerförmigen Zylinderkopf zu erkennen war. Die neue Hunderter war entsprechend den zuvor eingeführten Mokicks und Kleinkrafträdern, mit denen sie auch viele Teile gemein hatte, etwas moderner gezeichnet und mit einem Fünfgang-Getriebe ausgerüstet worden.

Auch bei der 250 S stand wieder die Frage Langschwinge oder Telegabel im Raum. Erstere hatte einen Federweg von 150 mm. Einen Lenkungsdämpfer gab es nur in Verbindung mit der Telegabel.

Die Zündapp 250 Trophy S in der Ausführung von 1960. Bis zu ihrem Produktionsende 1963 wurde die Maschine nur noch mit einer Telegabel geliefert.

Erste Werksaufnahme der KS 75 (interne Typenbezeichnung 511-320) mit Kurzschwinge vorn und Doppelfederbeinen hinten.

In ihrem letzten Produktionsjahr 1963 erhielt die KS 75 (jetzt Typ 512) eine Telegabel und war optisch kaum noch von der hier gezeigten und im gleichen Jahr erschienenen KS 100 (Typ 514) zu unterscheiden.

Nach dem Ende der KS 75 wurde die Hinterradschwinge der KS 100 nur noch von einem kräftigen Federbein auf jeder Seite abgestützt.

Den neuen Tank hatte es für die KS 100 noch kurzzeitig mit dem alten Motor gegeben, für das Modelljahr 1967 kamen dann ein neuer 10-PS-Motor und ein Fünfganggetriebe dazu.

Fächerförmige Zylinderköpfe hatte es bereits in den 1920er Jahren gegeben, Ende der 1960er Jahre kamen sie wieder – wie hier an der KS 100/2 – in Mode.

Letzte Ausbaustufe der KS 100/2 (Typ 518), mit flachem Tank dem Design der neuen KS 125 angepasst.

Die KS 125 und KS 175

1971 erschien das 15 PS starke Straßenmotorrad KS 125. Dieses erhielt schon in seiner zweiten Saison einen größeren Tank und eine auf 17 PS gesteigerte Motorleistung, die für immerhin 120 km/h gut war. Der Motor und auch die Telegabel kamen nun direkt von den Wettbewerbsmaschinen. Die sportlichen Gene waren zweifellos mit dafür verantwortlich, dass die KS 125 fahr- und triebwerkseitig eine der besten 125er ihrer Zeit war. Aber das bedeutete nicht viel; die westdeutschen Achtelliter-Maschinen waren nicht mehr als eine Randerscheinung im internationalen Motorradgeschäft. Das galt durchaus auch für die KS 175, die Ende 1976 als Nachfolgemodell der KS 125 debütierte und 1978 vom Fachblatt Motorrad zur besten 17-PS-Maschine des Jahres gekürt worden war.

Inzwischen nämlich hatte die Versicherungswirtschaft umgestellt und berechnete die Prämien nicht mehr nach Hubraum, sondern nach Leistung. Alle Modelle wurden nun in die Leistungsklassen 10, 17, 27 und 50 PS (und mehr) eingruppiert, die Zündapp rangierte somit in einer neu geschaffenen, günstigen Versicherungsklasse – natürlich, denn sie war ja eigens für diese neue Klasse konzipiert worden. Bei Lichte betrachtet hatte die 175er ja nicht mehr Leistung als eine KS 125, doch die war in Relation dazu deutlich teurer. 175-cm^3-Zweitaktmotoren waren inzwischen nur noch bei ganz wenigen Herstellern zu finden; Zündapp versuchte mittels moderner Wasserkühlung den einfachen Zweitakter zu kaschieren. Die KS 175 konnte als völlig nackte Maschine oder mit einer knappen Lampenverkleidung geordert werden. Die änderte sich für das Modelljahr 1979 ebenso wie unter anderem der neue Heckbürzel mit geänderter Rücklichtanordnung, die Telegabel und die nun von 260 mm auf 280 mm vergrößerte Bremsscheibe.

Ein Zündapp-Werksfoto zeigt die Vorderansicht der ersten KS 125 im zu dieser Zeit üblichen Motorraddesign.

Die KS 125 »Sport« in der ersten Version von 1971, mit dem Tank der KS 100 und dem noch 15 PS leistenden Motor.

1981 endete bei Zündapp die Motorradära, die Münchner konzentrierten sich auf das seit Jahren viel stärkere Geschäft mit den 50ern und die neu (und nur in Deutschland verkäufliche) Klasse der Leichtkrafträder mit 80 Kubik. Diese allerdings vermochten den Niedergang des Werks nicht aufzuhalten, 1984, ausgerechnet in jenem Jahr, in dem Zündapp die Motorrad-WM in der neu geschaffenen 80er-Klasse gewann, musste das Werk Konkurs anmelden.

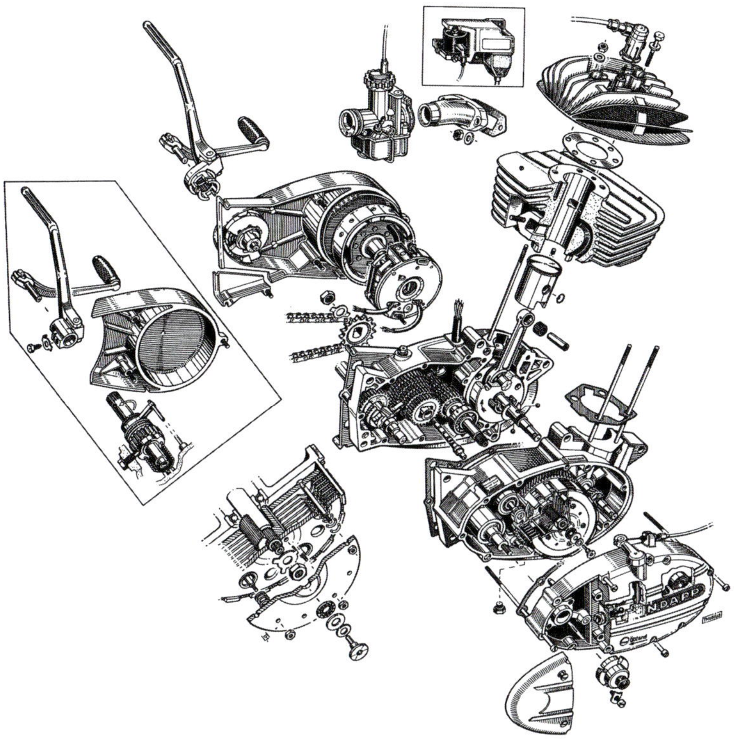

Bis auf den Hubraum waren die Motoren der KS 100 und KS 125 mit Fünfgang-getriebe nahezu identisch. Letzterer hatte die Typenbezeichnung 285.

Schon 1972 änderte sich das Design der KS 125 und die Leistung stieg auf 17 PS. Der Tank war größer geworden, die Faltenbälge an der Telegabel fehlten.

Letzte Ausführung der KS 125 ab 1974, jetzt wieder mit Faltenbälgen und neuem Cockpit. Der Erfolg hielt sich so oder so in Grenzen.

Die KS 175 in der Ausführung von 1977 konnte mit …

… oder ohne Cockpitverkleidung geliefert werden. Das Triebwerk war in der Regel schwarz lackiert.

Die Zündapp KS-Modelle im Überblick

Zündapp KS 75 Falconette	1959-1963	3810 Stück
1-Zyl.-2-Takt	75 cm^3	5,6 PS / 6200 U/min
Zündapp KS 100	**1963-1966**	**4800 Stück**
1-Zyl.-2-Takt	98 cm^3	8,2 PS / 6300 U/min
Zündapp KS 100/2	**1967-1971**	**ca. 7000 Stück**
1-Zyl.-2-Takt	98 cm^3	10 PS / 6800 U/min
Zündapp KS 125	**1971-1976**	**k. A.**
1-Zyl.-2-Takt	123 cm^3	15/17 PS / 7500/7900 U/min
Zündapp KS 175	**1977-1981**	**k. A.**
1-Zyl.-2-Takt	163 cm^3	17 PS / 7000 U/min

1980 kam eine silberne Lackierung für die KS 175 ins Programm. 4160 Mark kostete die Maschine in diesem Jahr, genauso viel wie eine Honda CB 250 N mit Zweizylinder-Viertaktmotor …

Geländesport- und Moto-Cross-Maschinen

Den Anfang machte auch hier wieder die aus der KS 75 heraus entwickelte GS 75, die im gleichen Zeitraum wie das Straßenmodell angeboten wurde. In erster Linie für den Nachwuchs im Motorrad-Geländesport war diese Maschine gedacht, denn zu dieser Zeit war die Klasse bis 75 cm^3 sogar international noch gut besetzt. Gegenüber dem Straßenmodell kam die GS mit viel weniger Blech aus, hatte hinten zwei kräftigere Federbeine, GS-gerechte Räder mit Stollenreifen, eine kurze Sitzbank, einen hohen Lenker mit Querstrebe und den obligatorischen, hoch verlegten Auspuff.

Aus der KS 100 machte Zündapp ebenfalls eine GS-Maschine, nannte sie aber »Scrambler« und vertrieb sie ausschließlich auf dem US-Amerikanischen Markt. Im Gegensatz zur Serien-KS 100 hatte diese

Die 1979er Ausgabe der KS 175 mit neuer Verkleidung und Heckbürzel. Nur 437 Maschinen verkaufte Zündapp in diesem Jahr.

Hunderter unter anderem größere Räder mit Stollenbereifung, einen Geländelenker mit Querstrebe, einen hochgezogenen Auspuff und eine Sportsitzbank für eine Person.

Im gleichen Zeitraum 1967/68 bot Zündapp aber auch eine echte GS 100 an, die sich – in Kleinserie produziert – an die damals sehr erfolgreichen Werksmaschinen anlehnte. Das hieß Zentralrohrrahmen, längere Federwege und Werkzeugtasche auf dem Tank. Neben den sonst üblichen Geländeattributen fielen noch der Motorschutz und die Sportsitzbank für Einpersonenbetrieb auf. In Amerika wurde diese Maschine als Zündapp 100 ISDT (International Six Days Trial – die Sechstage-Fahrt) angeboten.

Das Fünfgang-Getriebe und der Motor der letzten KS 100 waren bereits für eine kommende 125er-Generation konzipiert worden. Aus der 48-mm-Bohrung mussten nur 54 mm bei gleichbleibendem Hub von ebenfalls 54 mm werden und schon waren 123 cm^3 erreicht. Die aus dem Geländesport kommende Hubraumklasse war Ende der sechziger Jahre in Deutschland wieder hoffähig geworden und so verwundert es nicht, dass die erste käufliche 125er der Zündapp-Neuzeit ein GS-Modell war. Zündapp hatte sich schon immer stark im Geländesport engagiert und war 1968 mit dem Gewinn der Trophy bei der Internationalen Sechs-Tage-Fahrt in die MZ-Phalanx eingedrungen. Ab 1970 versuchte Zündapp nun, allerdings mit wenig Erfolg, entsprechend serientauglich gemachte Wettbewerbsmaschinen zu vermarkten. Irgendwie nicht Fisch und nicht Fleisch, war die GS 125 den

Zündapp-Werksrennern nicht ebenbürtig und für die normale Straße zu unbequem. Mit 18 PS lag man mit der Konkurrenz von Hercules oder Maico etwa auf gleichem Niveau.
Von der straßenzulassungsfähigen GS abgewandelt bot Zündapp mit der MC 125 auch eine Moto-Cross-Maschine an. Die Maschinen unterschieden sich durch das Weglassen der Beleuchtungseinrichtung und den nicht straßentauglichen MC-Auspuff (der unter anderem für ein PS mehr Leistung sorgte) voneinander. Bis 1976 gebaut, änderte sich das Design der beiden Sportmotorräder im Laufe der Jahre.

Die Zündapp GS- und MC-Modelle im Überblick

Zündapp GS 75	**1959-1962**	
1-Zyl.-2-Takt	75 cm^3	5,6 PS / 6200 U/min
Zündapp KS 100 Scrambler	**1967-1968**	
1-Zyl.-2-Takt	100 cm^3	9,2 PS / 7200 U/min
Zündapp GS 100	**1967-1968**	
1-Zyl.-2-Takt	100 cm^3	9,2 PS / 7200 U/min
Zündapp GS 125	**1970-1976**	
1-Zyl.-2-Takt	123 cm^3	18 PS / 7900 U/min
Zündapp MC 125	**1970-1976**	
1-Zyl.-2-Takt	123 cm^3	19 PS / 7900 U/min

Eine GS 75, optional mit Lenkerblinkleuchten und Ballhupe ausgestattet. Wirklich wettbewerbstauglich waren die Maschinen höchstens im Jugendbereich.

GS 50 oder GS 75? Die Maschinen waren kaum zu unterscheiden und liefen gemeinsam vom Montageband.

Ausschließlich für den Markt in den USA fertigte Zündapp 1967/68 diese KS 100 Scrambler.

Zur gleichen Zeit baute Zündapp eine Kleinserie von GS 100-Werksmaschinen als Replica, die in den USA als »Six-Days-Maschine« angeboten wurde.

Die GS 125 gab es während ihrer Bauzeit in drei Entwicklungsstufen. Hier die Version von 1972, unter anderem mit geändertem Tank.

Auf der Basis der 125er GS bot Zündapp ab 1970 auch Moto-Cross-Maschinen mit hochgezogenen Kotflügeln, ohne Beleuchtungsanlage und nicht straßenzulassungsfähigem Auspuff an.

Das Bundeswehr-Projekt

Bereits in Nürnberg wurden bei Zündapp Mitte der 50er Jahre auf Basis der Trophy- bzw. S-Modelle Entwicklungen für die Bundeswehr

Die letzte Ausführung der 125er GS von 1975. Verkaufsschlager wurden diese Maschinen allesamt nicht.

Die Zündapp GS 125 (Typ 520) wurde als wettbewerbstauglich angepriesen, konnte den echten Werksmaschinen aber bei weitem nicht das Wasser reichen.

betrieben. In München entstand 1960/61 nach einer Ausschreibung des Bundesamtes für Wehrtechnik und Beschaffung ein 250 cm^3-Motorrrad. Diese Entwicklung wurde über drei Jahre hinweg mit ständigen Änderungen und Verbesserungen am Grundmodell vorangetrieben, tatsächlich gelangten 25 Maschinen zur Truppenerprobung. Die Entscheidung für ein Motorrad der 2. Generation für die Bundeswehr fiel jedoch dann wieder zugunsten der Firma Maico aus, die schon die erste Generation geliefert hatte.

Zündapp bekam, neben anderen Zweiradherstellern, einen weiteren Entwicklungsauftrag im Zuge der Fahrzeugbeschaffung für die Bundeswehr für die 70er Jahre. Gefordert war ein sogenanntes 100x100x100-Motorrad – ohne Hubraumvorgabe, aber mit 100 km/h Endgeschwindigkeit, 100 kg Eigengewicht und 100 % Bergsteigefähigkeit. Natürlich war auch ein Soziussitz vorhanden, und neben den für den militärischen Einsatz erforderlichen Ausrüstungen sollten die Maschinen weitestgehend seriennah gehalten werden, um die Wartung in den normalen Kundendienstwerkstätten zu ermög-

So sah die Moto-Cross-Maschine (Typ 520-52) in ihrer letzten Ausführung ab 1974 aus.

1961 war die 250er Bundeswehrmaschine von Zündapp fertig für die Serienproduktion. Den Zuschlag erhielt dann aber doch Maico. (Foto: Archiv Sengfelder)

20 Maschinen dieser Zündapp 125 BW wurden 1969 bei der Bundeswehr erprobt. Doch diesmal hieß der Sieger Hercules. (Foto: Archiv Sengfelder)

lichen. Abweichend von den im Geländeeinsatz üblichen Reifengrößen mussten bei der Militärversion die Räder und Reifen aus logistischen Gründen nicht nur gleich groß, sondern auch wahlweise vorn und hinten austauschbar sein.

Der erste Prototyp wurde im Herbst 1967 bei der Erprobungsstelle für Radfahrzeuge E 41 in Trier vorgestellt. Auch hier kam es in den nächsten Jahren zu ständigen Weiterentwicklungen, und auch in diesem Fall liefen einige Maschinen im Truppenversuch. Letztendlich ging aber der Fertigungsauftrag an Hercules-Sachs.

Die KS 350

Viel zu spät bemerkten Zündapp und Co, dass sie sich mit der Spezialisierung auf die 50-cm^3-Klasse, bzw. mit 125er und 175er Einzylindermaschinen in eine Sackgasse begeben hatten. Der Motorradboom mit Mehrzylinder-Maschinen ab 250 cm^3 Hubraum ging an den deutschen Herstellern – ausgenommen BMW – vorbei. Die großen vier aus Japan bestimmten den Markt und verdrängten die einst dominierenden europäischen Hersteller.

Zündapp wollte mit einer 350er Zweizylinder-Zweitaktmaschine gegenhalten, die auf der IFMA 1976 in Köln gezeigt wurde. Die wassergekühlte KS 350 war durchaus auf dem damaligen Stand der Technik konstruiert worden und sollte in der 27-PS-Klasse Fuß fassen. Mit dem Sechsgang-Klauengetriebe, der gekapselten Hinterradkette, der hydraulisch betätigten Scheibenbremse vorn und den Leichtmetall-Druckgussrädern war die Maschine durchaus wettbewerbsfähig. Zündapp meinte aber kein Budget für eine Serienproduktion freischaufeln zu können. Ob die Maschine auf dem Markt angekommen wäre? Der Verkaufspreis hätte sehr deutlich über der Konkurrenz aus Fernost gelegen; in der Erprobungsphase lief diese Maschine, wohl aus Gründen der Tarnung, mit Suzuki-Tank.

1976 stellte Zündapp die KS 350 vor, eine Zweizylinder-Zweitaktmaschine, die aber im Prototypen-Stadium stecken blieb.

Kapitel 9: Die Motorroller 1953 bis 1964

Dieser italienische Parilla-Roller von 1952 diente Zündapp als Vorlage für die erste eigene Roller-Konstruktion.

Die Vespa 98 des italienischen Herstellers Piaggio begann 1946 die Zweiradwelt nachhaltig zu verändern. Dieser – man möchte beinahe sagen – klassischste aller Motorroller wurde rund um den Erdball bis heute zum Inbegriff des Motorrollers schlechthin, und nicht nur in Deutschland versuchten sich Hersteller am Kopieren, Imitieren, Variieren oder, so wie die Firma Hoffmann, am Lizenz-Nachbau.

Überhaupt war ab Ende der vierziger Jahre die Vielfalt dessen, was nun alles »Motorroller« genannt werden wollte, ebenso groß wie die Anzahl der Firmen, die sich im Rollerbau versuchten. Allein in Deutschland waren es um 1949 herum schon gut ein Dutzend Hersteller, die der Öffentlichkeit in der Regel leichte und preiswerte Modelle vorstellten. Meist handelte es sich nur um Entwicklungsstudien, von denen nur die wenigsten es bis zur Serienreife und dann auch in den Handel schafften. Wer durchhielt, wurde oft schon nach kurzer Zeit mit steigenden Absatzzahlen belohnt.

Bis Mitte der fünfziger Jahre waren auch die meisten der namhaften deutschen Motorrad-Hersteller, die zunächst einmal die Entwicklung des Rollermarktes beobachtet und abgewartet hatten, auf diesen Zug aufgesprungen: 1950 wurden in Deutschland über 9000 Motorroller gebaut, 1952 waren es gut 39.000 und 1954, auf dem Höhepunkt der deutschen Motorrollerproduktion, exakt 121.245 Stück. Danach ging es, wie ja mit dem deutschen Motorradbau insgesamt, steil bergab.

Bella R 150

1950 begannen die Nürnberger ebenfalls mit der Entwicklung eines Motorrollers, stellten das Projekt aber schon im darauf folgenden Jahr wieder ein. Es erschien Zündapp insgesamt zweckmäßiger, eine Lizenzproduktion à la Hoffmann und NSU aufzuziehen. Die Franken nahmen zu diesem Zweck Kontakt zu Parilla, dem dritten italienischen Roller-Hersteller, auf. Zwar kam es zu keinem Vertrag, doch Zündapp beschaffte sich im Sommer 1952 einen Parilla-Roller als Basis für eine neue Eigenentwicklung. Diese lehnte sich optisch zweifellos an das italienische Vorbild an (erkenntlich etwa am Verzicht auf einen tiefen Durchstieg), nutzte aber ein hauseigenes Triebwerk, dessen ausgeklügelte Kühlluftführung ein Gebläse ersparte. 1953 kam dann die Zündapp »Bella 150« auf den Markt (interne Bezeichnung »R 150« – alle folgenden Rollertypen bekamen dieses »R« intern vor die Hubraumgröße gesetzt). Sie löste ob ihrer Erscheinung und ihrer Fahreigenschaften allerorten Beifallsstürme aus und wurde schnell zu einem der beliebtesten und meistverkauften Motorroller in Deutschland. Motorradexperte Helmut Werner Bönsch stellte fest: »Die Zündapp Bella läutet in Deutschland eine neue Entwicklung ein. Die handliche hochelastische Gebrauchsmaschine mit den Fahreigenschaften des Motorrades und dem Wetterschutz des Rollers«. Und der bekannte Rollerfachmann Dr. Ing. Günter Winkler wusste sogar: »In der deutschen Technikgeschichte darf man ihr (der Bella) wahrscheinlich eine führende Rolle als Totengräberin des Motorrades als Volksfahrzeug einräumen«.

Die Bella war mit der Motor-Getriebeeinheit der Zündapp DB 204 ausgerüstet, wobei der Hubraum auf 147 cm^3 reduziert worden war. 7,3 PS waren damals ein Spitzenwert für einen 150er Roller, wie auch die entsprechende Höchstgeschwindigkeit von 80 km/h. Der Motor wurde anfangs mittels Seilzug, später mit einem Kickstarter angeworfen.

Bella R 150 hieß der erste Zündapp-Roller mit der im Hubraum reduzierten Motor-Getriebeeinheit der Zündapp DB 204.

Als Sondermodell R 150 S »Suburbanette« wurde der 150er Roller auch in die USA exportiert. Ohne Heckverkleidung und ohne voluminösen Frontkotflügel, dafür aber mit einer Lederschürze um die Doppelsitzbank herum, hatte dieser Roller eine unverwechselbare, wenn auch etwas fragwürdige Optik.

Ein Prospekt aus dem Jahre 1953 zeigt die erste Farbauswahl für die Zündapp Bella 150.

Zündapp baute ca. 370 Exemplare der Zündapp R 150 S »Suburbanette« für den US-amerikanischen Markt. (Foto: Rainer Ullrich fahrzeugbilder.de)

Ab den Bella-Modellen 151 und 201 war eine Dynastartanlage an Bord. Optisch waren diese Modelle an der durchgehenden Sitzbank erkennbar. Die Teleskopfederung am Vorderrad war noch Serie, eine Schwinge aber optional erhältlich.

Bella R 200

Schon in der folgenden Saison ließ Zündapp den Roller mit dem größeren 200er Motor, parallel zur 150er, vom Montageband laufen. Die langstreckentaugliche Bella R 200 kostete 130 D-Mark mehr als die 150er. Das war damals durchaus eine namhafte Summe.

Für die Bella 200, die als guter Reiseroller galt, bot Zündapp sinnvolles Zubehör wie Soziussitz, Heckgepäckträger, Seitengepäckträger, Reserverad und Alukoffer.

Das Grundgerüst beider Bella-Modelle bildete ein verschweißter und verschraubter Brückenrohrrahmen. Gefedert wurde vorn mit einer ungedämpften Telegabel und hinten mittels geschmiedeter Schwinge, die von zwei offenen Schraubenfedern und einem Dämpfer unterstützt wurde. Die Aluminiumscheibenräder hatten einen Durchmesser von 12 Zoll.

Bella R 151 und R 201

Schon 1955 wurden beide Zündapp-Roller von Nachfolgemodellen abgelöst. Äußerlich erkennbar an der durchgehenden Sitzbank statt den Einzelsitzen sowie den Kühlluftschlitzen hinter der Sitzbank, konnten die Bella R 151 und R 201 jetzt über eine Siba-Dynastartanlage per Knopfdruck gestartet werden. Außerdem war für den großen Roller optional (Aufpreis 45 Mark) eine geschobene Langschwinge mit einem Federbein erhältlich. Die bessere Vorderradführung machte vor allem beim damals sehr beliebten Seitenwagenbetrieb Sinn, da sie die Kurvenstabilität erhöhte. Über 26.000 Käufer entschieden sich 1955/56 für die Ausführung mit Telegabel, knapp 17.000 Bella-Roller erhielten die Schwinge.

Die 150er: Bella R 153 und R 154

Die ab 1956 ausgelieferten Nachfolgebaureihen kamen dann aber serienmäßig mit der geschobenen Langschwinge und Federbeingeführtem Vorderrad ausgerüstet. Zunächst bot man das 150er

Zündapp Bella R 201 als Schnittmodell von 1955. Die Vorderradschwinge war optional, serienmäßig wurde eine Teleskopgabel verbaut.

Die Röntgenzeichnung der Bella 154 lässt sehr gut die Vorderradaufhängung erkennen und zeigt die Kühlluftführung für den gebläselosen Motor.

Mit Baubeginn der ziemlich schmucklosen Bella 153 erhielten alle Zündapp-Roller eine Vorderrad-Schwinge mit kräftigem Federbein.

Museumsstück: Bella R 154 in der ersten Ausführung mit einfachem Zierstreifen auf dem vorderen Kotflügel.

Modell in zwei Varianten an. Die »Bella 153« (R 153) bildete die Sparversion ohne viel Zierrat: einfache Lackierungen, vereinfachte Gangschaltung und Stahlblech- statt Aluminium-Trittbretter. Im Gegensatz dazu wartete ein wenig später (IFMA 1956) die R 154 mit reichlich Chromzierrat und schmucken Lackierungen auf. Während die Bella 153 mangels Erfolg schnell wieder aus dem Programm fiel, fiel die Bella 154 erst mit dem Umzug nach München aus dem Programm. Beide 150er Roller waren wahlweise wieder mit einem Kickstarter lieferbar.

Die 200er: Bella R 203 und R 204

Etwa zeitgleich mit der R 154 löste die R 203 das Vorgängermodell R 201 ab. Wie beim 154er Modell ging es hier in erster Linie um Äußerlichkeiten wie modische Zweifarben-Lackierungen, Chromverzierungen am vorderen Kotflügel und einer Abdeckung der Lenkerhalterung. In technischer Hinsicht zeigten sich Ansaug- und Auspuffanlage überarbeitet, um den Geräuschpegel zu senken.

Innerhalb der nicht leicht zu durchschauenden Typenvielfalt der Bella-Roller bildete der Typ R 204 sozusagen das Bindeglied zwischen der Nürnberger- und der Münchner Produktion.

Denn, wie beschrieben, hatte das Unternehmen aus wirtschaftlichen Gründen am 1. Juli 1958 seinen Nürnberger Werksanlagen an Bosch verkauft. Die Motorradfertigung zog komplett nach München, dem bisherigen Standort der Zündapp-Nähmaschinen-Produktion um, und die R 204 wurde dort noch etwa ein Jahr lang weitergebaut. Kennzeichen dieser Münchner Bellas war die durchgehend verkleidete Lenkstange. Und sie war stärker als jede Bella zuvor: Unter anderem aus Gründen der Bauteilereduzierung erhielt sie den Motor der Zündapp 200 S, der mit 12 PS deutlich mehr Leistung bot als die bisherige 200er.

Die Zündapp Bella 204 im klassischen Rot-Weiß und mit kompletter Lenkerabdeckung.

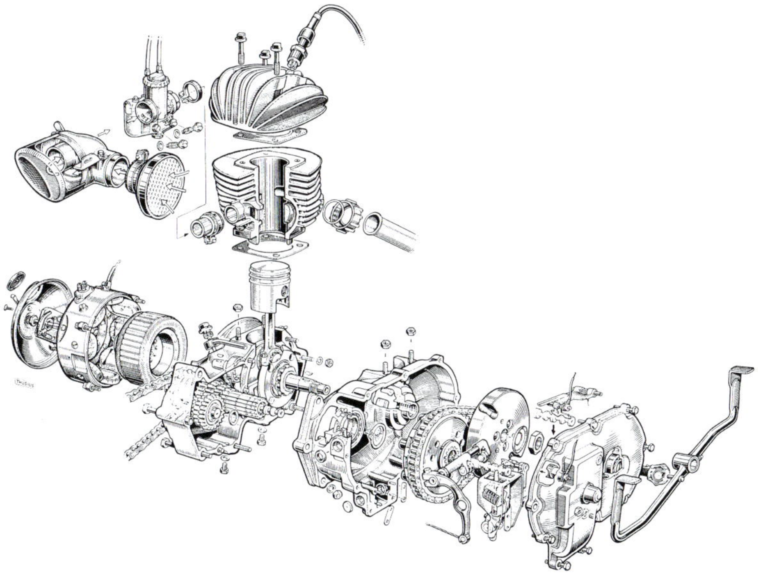

Motor mit Fächerzylinderkopf, Getriebe, Anlasser und Ansauganlage – so sahen die Bella-Triebwerke ab dem Modell 201 aus.

Neu aus München: bella 200 und bella 175 S

Doch auch damit nicht genug. Nachdem man sich in München neu sortiert hatte, stellte man der Öffentlichkeit anlässlich der Internationalen Fahrrad- und Motorrad-Ausstellung 1960 das neue Typenprogramm vor, das wieder zwei Bella-Roller in zwei Hubraumklassen enthielt. Mit dem Motor der Zündapp 175 S erschien im bisherigen Design der Bella 204 die »bella 175 S«. »Bella« wurde nun klein geschrieben und die internen R-Kürzel gab es bei den Münchner Modellen auch nicht mehr. Die 175 cm^3 zielten auf die günstigere Steuer- und Versicherungsklasse – und eine neue Klientel: »Die bella 175 ist das ideale Zweitfahrzeug für den Autobesitzer und seine Familie«. Der wirtschaftswunderliche Wohlstandsbürger konnte nun sogar an die Anschaffung eines Zweitfahrzeugs denken …

Die Bella 203 war unter anderem an der Abdeckung in der Mitte des Lenkers vom Vorgängermodell zu unterscheiden.

Gleichzeitig erschien die bella 200 mit noch einmal kräftigeren Motor. Mit jetzt 13,4 PS knackte die stärkste Bella aller Zeiten die

Spitzengeschwindigkeit von 100 km/h. Aber dafür interessierte sich inzwischen kaum noch jemand, der Zweiradmarkt war komplett zusammengebrochen. 1962 stellte Zündapp die Roller-Fertigung ein; auf Bestellung konnte man die Roller noch bis 1964 erhalten. Nach über 130.000 produzierten Fahrzeugen endete die Zeit der schönen Nürnbergerin.

Die letzte Entwicklungsstufe der großen Zündapp-Roller: Die bella 175 S und die bella 200 wurden in München gebaut.

Die Zündapp-Motorroller ab 150 cm³ im Überblick

Bella R 150	**1953-1955**	**14.681 Stück**
1-Zyl.-2-Takt	147 cm³	7,3 PS / 4700 U/min
Bella R 200	**1954-1955**	**13.365 Stück**
1-Zyl.-2-Takt	198 cm³	10 PS / 5200 U/min
Bella R 151	**1955**	**6420 Stück**
1-Zyl.-2-Takt	147 cm³	7,3 PS / 4700 U/min
Bella R 201	**1955-1956**	**42.932 Stück**
1-Zyl.-2-Takt	198 cm³	10 PS / 5200 U/min
Bella R 153	**1956**	**6800 Stück**
1-Zyl.-2-Takt	147 cm³	7,3 PS / 4700 U/min
Bella R 154	**1956-1958**	**11.385 Stück**
1-Zyl.-2-Takt	147 cm³	7,3 PS / 4700 U/min
Bella R 203	**1956-1958**	**16.384 Stück**
1-Zyl.-2-Takt	198 cm³	10 PS / 5200 U/min
Bella R 204	**1958-1960**	**k. A.**
1-Zyl.-2-Takt	198 cm³	12 PS / 5400 U/min
bella 175 S	**1960-1964**	**1014 Stück**
1-Zyl.-2-Takt	174 cm³	11 PS / 5200 U/min
bella 200	**1960-1963**	**k. A.**
1-Zyl.-2-Takt	198 cm³	13,4 PS / 5400 U/min

Die Bella-Roller von Zündapp gehörten zu den beliebtesten Rollermodellen Deutschlands. Immerhin entstanden rund 130.000 Exemplare.

Kapitel 10: Der Motorsport 1949 bis 1983

Relativ bald nach 1945 begann man wieder Motorsport zu betreiben, aber die Aktiven waren dabei auf sich allein gestellt. Zündapp-Fahrer bildeten da keine Ausnahme: Die Unternehmen hatten andere Sorgen, und bei Zündapp war die Lage vielleicht noch ein wenig kritischer, denn wegen der Fertigung militärischen Gerätes stand die Fabrik auf einer von der alliierten Militärregierung erstellten Liste zu demontierender Firmen. Allerdings kam es im Zuge des beginnenden Ost-West-Konflikts und der bei den Siegern allmählich reifenden Einsicht, dass ein deindustrialisiertes Deutschland ihnen nun überhaupt nichts mehr nützte, nicht dazu.

Mit Vorkriegstechnik wieder am Start

Deutschen Fahrern war bis 1950 kein Start bei internationalen Veranstaltungen gestattet und für nationale Wettbewerbe mussten die Motorräder mühsam aus Schrott zusammengebastelt oder gar aus den Trümmern ausgegraben werden. In den ersten Nachkriegsjahren bildeten die Vorkriegs-Motorräder die Grundlage für selbstgebastelte Renn- oder Geländemaschinen.
Der Fürther Oskar Pillenstein rüstete eine KS 600 mit einem Roots-Kompressor aus und fuhr Gespannrennen auf der Straße. Der Motor hatte eine den Zündapp-Prüfstand überfordernde Leistung und war entsprechend anfällig, weswegen das Unternehmen die Aktivitäten mit gemischten Gefühlen verfolgte, weil häufige Ausfälle nicht unbedingt zum Ruhm der Firma beitrugen. Aber die Rothenbacher Neußner/Minderlein gewannen mit diesem Gespann 1949 die Wertung als beste deutsche Privatfahrer der 600er Klasse.

Die »Grünen Elefanten« trumpfen auf

Erst 1950 beteiligte sich Zündapp werksseitig wieder am Sport und nahm an der ADAC-Deutschlandfahrt sowie an der Internationalen Alpenfahrt teil. 1951 begründete das KS 601-Dreier-Gespann-Team Gustav Keitel/Hans Ernst/Georg Weiß bei den Sixdays in Italien seinen später sagenhaften Ruf. Wo immer diese drei Gespanne starteten, gewannen sie mit ihren »Grünen Elefanten« in ihrer Klasse. Später dominierten die Heilbronner Werner Kritter/Rolf Kreuzer und die Nürnberger Polizeibeamten Hans Kaser/Emil Maurer die schwere Gespannklasse. Selbst als die schwere KS 601 nur noch in geringen Stückzahlen gebaut wurde, setzten die Wormser Volker Schach/Heinz Roth diese Siegesserie fort.

Mit Zündapp zur Trophy 1957

In den Soloklassen der Geländemeisterschaft stellten sich bei Rennen im schweren und schwersten Gelände auch wieder Erfolge ein, als man die bewusst gedrosselten 200er und 250er Derby-Typen modernisierte. Hans Schweizer (Augsburg), Fritz Rotermundt (Nürnberg),

Hermann Vogt (Stuttgart), Anton Siek (Augsburg), Heinz Kammler (Nürnberg), Gerd Lohse (Hamburg) und Gernot Leistner (Amberg) zählten zu den Erfolgreichsten jener Zeit. Seit 1957 gehörten zwei bis drei Zündapp-Fahrer der Nationalmannschaft bei den Sixdays an und mit den Fahrern Richard Hessler als Team-Kapitän, Lorenz Specht und Gernot Leistner trugen sie zum Gewinn der Trophy bei einer der schwersten Veranstaltung dieser Reihe im tschechischen Spindlermühle bei.
Viele Preise errangen die Zündapp-Geländefahrer auch in den kleinen Hubraumklassen sowie in den Klassen 175, 250 und 350 cm^3. Erfolg an Erfolg reihte sich bei den Wintersternfahrten und bei den schweren Alpenfahrten. Mit Klassensiegen glänzten die Zündapp-Fahrer bei Lüttich-Mailand-Lüttich. Bei den prestigeträchtigen Deutschlandfahrten, die man damals wegen der Beteiligung fast aller deutschen Hersteller als »IFMA auf der Straße« bezeichnete, machten die Bella-Rollerfahrer durch das erfolgreiche Abschneiden auf sich aufmerksam.

Bol d' Or in Montlhery

1956 ging Zündapp bei dem von allen Werken heiß umkämpften Bol d' Or, damals in Montlhery, an den Start, einem 24-Stunden-Rennen, das durch seine hohen Ausfallzahlen gefürchtet war. Mit einem neuen Rekord-Schnitt von 92,3 km/h errang Zündapp den Gesamtsieg aller Gespannklassen und belegte damit im Gesamtklassement Rang elf sowie in der 250er-Solo-Klasse einen 6. Platz.

1957 wurden bei der gleichen Veranstaltung drei Klassensiege eingefahren: bei den Serienmaschinen bis 250 cm^3 durch Richard Hessler/Gerd Lohse, bei den Sportmaschinen bis 250 cm^3 durch die Franzosen Niedermann/Court und bei den Gespannen durch Werner Kritter/Louis Francois.

Moto Cross und Trial

Auch im damals immer mehr aufkommenden Moto Cross-Sport versuchte sich Zündapp und ging mit Hessler und dem Erlanger Biermann bei Rennen in Ansbach und Erlangen an den Start.
Ende der 50er Jahre begann Zündapp sich im Trialsport zu engagieren. Schorsch Weiß war mit dem Altdorfer Federungshersteller Carl Jurisch befreundet, der vor dem Krieg mehrfach an dem schwersten Trialwettbewerb, dem Scottish-Six-Day-Trial teilgenommen hatte, aber bei den NS-Oberen niemand für diesen Sport erwärmen konnte. Durch Modifikationen der Geländemaschinen für Hessler, Best und Leistner entstanden die ersten trialgeeigneten Motorräder. Nach dem Umzug nach München stellten sich mit reinen Trialmaschinen auch hier nationale und internationale Erfolge ein.

Der Motorsport in München

Selbstverständlich setzte Zündapp auch nach dem Umzug nach München seine sportlichen Aktivitäten fort und intensivierte sie sogar noch. Anfangs war auch hier die Wettbewerbsabteilung Teil

Beim Bol d´Or, dem 24-Stunden-Rennen in Montlhéry, gehörte Richard Hessler 1957 zu den Gewinnern in der 250er Klasse. (Foto: Archiv Günter Sengfelder)

Die 250er Moto-Cross-Zündapp wurde Mitte der 1950er Jahre auch an Privatfahrer abgegeben. Insgesamt hat man 86 Stück hergestellt. (Fotos: Archiv Günter Sengfelder)

der Versuchsabteilung, später entwickelte sie sich zu einer reinen Sportabteilung.

Frau Elisabeth Mann, die Witwe von Dr. Eitel-Friedrich Mann und Tochter des Firmengründers, widmete sich ganz besonders den sportlichen Belangen und war in den folgenden Jahren immer bei den Veranstaltungen anzutreffen. Ganz gleich, ob bei Regen und Schlamm oder bei Hitze und Staub, irgendwo stand »die Doktorin« immer an der Strecke und beobachtete »ihre Jungens«. Zündapp begann in München den Sport ganz professionell aufzuziehen und machte diese Abteilung zum besonderen Aushängeschild der Firma. Sowohl als Team wie auch die einzelnen Fahrer traten auf- und abseits der Piste auffallend diszipliniert auf und repräsentierten so ihre Firma auf vorbildliche Weise.

Die Sporteinsätze leitete und organisierte Georg »Schorsch« Weiß, der ehemalige Aktive, der das Metier bis ins Detail beherrschte. Er erfreute sich eines außerordentlich guten Rufes, auch bei der Konkurrenz, und kein Zündapp-Fahrer hätte es gewagt, seinen Anweisungen zu widersprechen.

In München wurden hauptsächlich hubraumkleinere Wettbewerbsmodelle eingesetzt, doch bis Mitte der 1960er Jahre gehörten – zumindest im Geländesport – noch Motorräder aus Nürnberg zum Team. Selbst die legendäre KS 601 war in der schweren Seitenwagen-Klasse unter Volker Schach/ Heinz Roth Teil der Werksmannschaft.

Elisabeth Mann, die Tochter von Firmengründer Fritz Neumeyer und Ehefrau bzw. spätere Witwe des Münchner Zündapp-Chefs Dr. Eitel-Friedrich Mann.

Georg »Schorsch« Weiß und Elisabeth Mann waren ein kongeniales Betreuerteam für die Zündapp-Fahrer und hatten einen ganz wesentlichen Anteil an den sportlichen Erfolgen der 1960er und 1970er Jahre.

Volker Schach und Schmiermaxe Heinz Roth, hier 1962 bei der »Südwestfälischen«, waren 1960 mit der KS 601 die letzten Deutschen Meister der Geländegespanne über 350 cm³.

Lorenz Specht und Richard Hessler vertraten 1961 in der siegreichen deutschen Mannschaft beim Gewinn der Welt-Trophy bei den Six-Days in Llandrindod Wells (Wales) die Nürnberger Farben. Bei jener Veranstaltung hatte Zündapp erstmals 50- und 75-cm^3-Motorräder eingesetzt und auch die ersten Goldmedaillen gewonnen. Schon ein Jahr später fuhren Volker Kramer und Günter Sengfelder mit 50- und 100-cm^3-Zündapp in der siegreichen deutschen Silbervasen-Mannschaft bei der Sechstage-Fahrt in Garmisch-Partenkirchen mit.

Dreimal Trophy-Sieg für Zündapp

Der größte Six-Days-Erfolg gelang Zündapp 1968 in Bergamo (Italien), wo unter der Leitung von Georg Weiß mit einer reinen Zündapp-Mannschaft (Dieter Kramer, Volker Kramer, Andreas Brandl, Heinz Brinkmann, Siegfried Gienger, Lorenz Specht) die Welt-Trophy gewonnen wurde. Erich Messner löste später Georg Weiß nach dessen altersbedingtem Ausscheiden als Sportmanager ab. Noch zweimal gelang Zündapp dieser Erfolg, der inzwischen zur Enduro-Mannschaftsweltmeisterschaft aufgewertet worden war: 1975 auf der Isle of Man (Josef Wolfgruber, Peter Neumann, Jürgen Grisse, Eberhard Weber, Rolf Witthöft, Eddy Hau) und 1976 im österreichischen Zeltweg (Eddy Hau, Peter Neumann, Jürgen Grisse, Rolf Witthöft, Josef Wolfgruber, Eberhard Weber). Nicht vergessen werden soll hier der Gewinn der Six-Days-Silbervase 1969 in Garmisch-Partenkirchen durch eine gemischte westdeutsche Mannschaft mit

Günter Sengfelder schraubt während der Six-Days 1961 an seiner 50er GS. (Foto: Archiv Günter Sengfelder)

Die deutschen Silbervasen-Gewinner bei den Six-Days in Garmisch 1962 v.l.n.r.: Horst Rothermund (Kreidler), Günter Sengfelder (Zündapp), Volker Kramer (Zündapp) und Heinz Klingenschmidt (Zweirad Union). (Foto: Archiv Günter Sengfelder)

Helmut Beranek und Hans Trinkner auf Zündapp. Dasselbe gelang der Mannschaft mit Arnulf Teuchert auf Zündapp noch einmal 1980. Nach dem Gewinn zahlreicher Deutschen und Europa-Meisterschaften zog sich Zündapp 1982/83 aus dem Endurosport zurück.

Richard Hessler auf Zündapp gehörte 1961 zum siegreichen deutschen Trophy-Team bei den Six-Days im walisischen Llandrindod Wells. (Foto: Archiv Günter Sengfelder)

Der Gewinn der Six-Days-Trophy 1968 war den Zündapp-Werbestrategen eine 54-seitige Broschüre wert. Auf dem Titel Volker Kramer mit der 50 cm^3-Maschine.

Auch für den Trophy-Gewinn 1975 ließ Zündapp eine aufwändige Broschüre drucken.

Das siegreiche Zündapp Trophy-Team von 1968 v.l.n.r.: Dieter Kramer, Georg Weiß, Volker Kramer, Lorenz Specht, Andreas Brandl, Heinz Brinkmann, Siegfried Gienger.

Bei der Sechstage-Fahrt 1975 auf der Isle of Man hatte nun Erich Messner (Mitte) die Mannschaftsbetreuung von Georg Weiß übernommen. Vorn im Bild Jürgen Grisse auf der 125er Werks-Zündapp.

Die Trophy-Sieger 1975 v.l..n.r.: Peter Neumann, Eberhard Weber, Josef Wolfgruber, Teamchef Messner, Jürgen Grisse, Rolf Witthöft, Eddi Hau.

Die Silbervasen-Gewinner bei der Sechstage-Fahrt 1969 in Garmisch-Partenkirchen v.l.n.r.: Hans Trinkner (Zündapp), N. Gabler (Puch), Rolf Witthöft (Puch) und Helmut Beranek (Zündapp). (Foto: Archiv Günter Sengfelder)

Trophy-Sieger und Enduro-Weltmeister 1976 v.l.n.r.: Rolf Witthöft, Josef Wolfgruber, Peter Neumann, Eddi Hau, Eberhard Weber, Jürgen Grisse.

Arnulf Teuchert (ganz rechts) gehörte zusammen mit Christel (KTM), Zitzewitz (Maico) und Witthöft (BMW) zum Silbervasen-Siegerteam bei der Sechstage-Fahrt 1980 in Brioude/Frankreich. In der Mitte Teamchef Nödinger.

Die Deutschen Geländesport-Meister auf Zündapp

Jahr	Fahrer	Klasse
1955	Werner Kritter/Alexander Opel	Gespanne bis 750 cm^3
1956	Werner Kritter/Rolf Kreuzer	Gespanne über 350 cm^3
1957	Hans Käser/Emil Maurer	Gespanne über 350 cm^3
1958	Werner Kritter/Rolf Kreuzer	Gespanne über 350 cm^3
1959	Volker Schach/Heinz Roth	Gespanne über 350 cm^3
1960	Volker Schach/Heinz Roth	Gespanne über 350 cm^3
1961	Richard Hessler	bis 250 cm^3
1962	Volker Kramer	bis 50 cm^3
	Max Zimmermann	bis 75 cm^3
	Siegfried Gienger	bis 100 cm^3
	Lorenz Specht	bis 175 cm^3
1963	Dieter Kramer	bis 100 cm^3
	Richard Hessler	bis 250 cm^3
1964	Alfred Lehner	bis 50 cm^3
	Dieter Kramer	bis 100 cm^3
	Klaus Kämper	bis 125 cm^3
	Lorenz Specht	bis 175 cm^3
1965	Klaus Kämper	bis 75 cm^3
	Siegfried Gienger	bis 100 cm^3
1966	Volker Kramer	bis 50 cm^3
	Klaus Kämper	bis 75 cm^3
	Siegfried Gienger	bis 100 cm^3
	Dieter Kramer	bis 125 cm^3
1967	Volker Kramer	bis 50 cm^3
	Dieter Kramer	bis 125 cm^3
	Lorenz Specht	bis 175 cm^3
1968	Volker Kramer	bis 50 cm^3
	Hans Trinkner	bis 75 cm^3
	Siegfried Gienger	bis 100 cm^3
	Lorenz Specht	bis 175 cm^3
1969	Heinz Brinkmann	bis 50 cm^3
	Andreas Brandl	bis 75 cm^3
	Volker Kramer	bis 100 cm^3
1970	Heinz Brinkmann	bis 50 cm^3
	Andreas Brandl	bis 75 cm^3
	Lorenz Specht	bis 100 cm^3
	Rolf Witthöft	bis 125 cm^3
	Erwin Schmider	bis 175 cm^3
1971	Josef Wolfgruber	bis 50 cm^3
	Andreas Brandl	bis 75 cm^3
	Rolf Witthöft	bis 125 cm^3
	Erwin Schmider	bis 175 cm^3
1972	Heinz Brinkmann	bis 50 cm^3
	Andreas Brandl	bis 75 cm^3
	Josef Wolfgruber	bis 100 cm^3
	Erwin Schmider	bis 175 cm^3
1973	Peter Neumann	bis 50 cm^3
	Andreas Brandl	bis 75 cm^3
	Josef Wolfgruber	bis 100 cm^3
	Rolf Witthöft	bis 125 cm^3
	Erwin Schmider	bis 175 cm^3
1974	Peter Neumann	bis 50 cm^3
	Heinz Brinkmann	bis 75 cm^3
	Josef Wolfgruber	bis 100 cm^3
	Rolf Witthöft	bis 125 cm^3
	Erwin Schmider	bis 175 cm^3
1975	Peter Neumann	bis 50 cm^3
	Josef Wolfgruber	bis 100 cm^3
	Eddi Hau	bis 125 cm^3
	Erwin Schmider	bis 175 cm^3
1976	Erwin Schmider	bis 50 cm^3
	Josef Wolfgruber	bis 100 cm^3
	Eddi Hau	bis 175 cm^3
1977	Erwin Schmider	bis 50 cm^3
	Jürgen Grisse	bis 100 cm^3
	Eddi Hau	bis 175 cm^3
1978	Jürgen Grisse	bis 50 cm^3
	Klaus-Bernd Kreutz	bis 100 cm^3
1979	Arnulf Teuchert	bis 50 cm^3
	Eddi Hau	bis 100 cm^3
	Jürgen Grisse	bis 125 cm^3
1980	Eddi Hau	bis 100 cm^3
	Klaus-Bernd Kreutz	bis 175 cm^3
1981	Klaus-Bernd Kreutz	bis 175 cm^3
1982	Klaus-Bernd Kreutz	bis 175 cm^3

Die Europameister im Geländesport

Jahr	Fahrer	Klasse
1967	Lorenz Müller	bis 100 cm^3
	Dieter Kramer	bis 125 cm^3
1968	Volker Kramer	bis 50 cm^3
	Hans Trinkner	bis 75 cm^3
	Siegfried Gienger	bis 100 cm^3
1969	Heinz Brinkmann	bis 50 cm^3
	Andreas Brandl	bis 75 cm^3
	Volker Kramer	bis 100 cm^3
1970	Heinz Brinkmann	bis 50 cm^3
	Andreas Brandl	bis 75 cm^3
	Lorenz Specht	bis 100 cm^3
	Rolf Witthöft	bis 125 cm^3
	Erwin Schmider	bis 175 cm^3
1971	Andreas Brandl	bis 50 cm^3
	Josef Wolfgruber	bis 75 cm^3
	Rolf Witthöft	bis 125 cm^3
	Erwin Schmider	bis 175 cm^3
1972	Peter Neumann	bis 50 cm^3
	Andreas Brandl	bis 75 cm^3
	Josef Wolfgruber	bis 100 cm^3
	Rolf Witthöft	bis 125 cm^3
	Erwin Schmider	bis 175 cm^3
1973	Peter Neumann	bis 50 cm^3
	Andreas Brandl	bis 75 cm^3
	Josef Wolfgruber	bis 100 cm^3
	Rolf Witthöft	bis 125 cm^3
	Erwin Schmider	bis 175 cm^3
1974	Peter Neumann	bis 50 cm^3
	Josef Wolfgruber	bis 100 cm^3
	Reinhard Christel	bis 125 cm^3
	Erwin Schmider	bis 175 cm^3
1975	Peter Neumann	bis 50 cm^3
	Josef Wolfgruber	bis 100 cm^3
	Rolf Witthöft	bis 125 cm^3
	Erwin Schmider	bis 175 cm^3
1976	Erwin Schmider	bis 50 cm^3
	Josef Wolfgruber	bis 100 cm^3
1977	Erwin Schmider	bis 50 cm^3
	Jürgen Grisse	bis 100 cm^3
1978	Erwin Schmider	bis 100 cm^3
	Eberhard Weber	bis 125 cm^3
1979	Eddy Hau	bis 100 cm^3
1980	Eddy Hau	bis 100 cm^3
1981	Klaus-Bernd Kreutz	bis 175 cm^3
1982	Pietro Gagni	bis 80 cm^3
	Klaus-Bernd Kreutz	bis 175 cm^3

Richard Hessler war lange Jahre bei Zündapp der Spezialist für die 250er Klasse, die nach 1963 von den Münchnern aufgegeben wurde. (Foto: Archiv Günter Sengfelder)

Bis in die 60er Jahre hinein setzte Zündapp noch die GS 250 ein, mit der Richard Hessler 1961 und 1963 Deutscher Meister wurde.

Tausendsassa und eigentlich Trial-Spezialist: Alfred Lehner wurde 1964 Deutscher Geländemeister auf Zündapp 50 cm^3.

Volker Kramer war der Spezialist auf der 50er Zündapp GS, mit der er vier deutsche Meistertitel gewann. 1969 kam noch einer in der 100er Kategorie dazu.

Lorenz Specht fuhr am liebsten in der Klasse bis 175 cm^3, wo er vier deutsche Meisterschaften holte. 1970 kamen ein weiterer Titel und ein Europameistertitel bis 100 cm^3 dazu.

Dieter Kramer gewann auf Zündapp vier deutsche Meistertitel in den Klassen 100 und 125 cm^3, dazu den Europacup 1967 bei den 125ern.

Siegfried Gienger wurde viermal Deutscher Geländemeister bis 100 cm^3 und 1968 Europameister in dieser Klasse.

Mitte der 60er Jahre gewann Klaus Kämper drei deutsche Meistertitel mit der GS 125 und der GS 75. (Foto: Archiv Günter Sengfelder)

Ab 1964 entstanden bei Zündapp neue Geländemaschinen mit Zentralrohrrahmen. Hier die 75-cm^3-Version, mit der Zündapp mangels Konkurrenz nahezu unschlagbar war.

Die Mitte der 60er Jahre gebaute Werksenduro für die Klasse bis 175 cm^3 war eine auf 132 cm^3 Hubraum aufgebohrte 125er.

Am geänderten Rahmen, aber vor allem der neuen Telegabel – die bisher vom Bella-Roller stammte – konnte man die 50er Werks-GS des Jahres 1968 vom Vorgängermodell unterscheiden.

Die ab 1970 eingesetzte 125er Werks-GS war unter Rolf Witthöft sowohl auf nationaler, wie auch auf internationaler Ebene sehr erfolgreich.

Andreas Brandl hieß ab 1969 der Zündapp-Star mit der 75-cm^3-Maschine, mit der er bis 1973 fünf deutsche Meistertitel in Folge holte.

Sprunghaft: Rolf Witthöft war für seine legendären Sprünge – auch in der Halle bekannt. Auf diesem spektakulären Foto hat er die Nürnberger Burg im Rücken. Er gewann für Zündapp vier deutsche Meistertitel in der Klasse bis 125 cm^3.

Erwin Schmider holte 1970 seinen ersten deutschen Meistertitel für Zündapp in der Klasse bis 175 cm^3. Vier weitere folgten in dieser Klasse, dazu zwei Titel in der Schnapsglas-Kategorie.

50 oder 100 cm^3 – die Werksenduro von 1975, dem ersten Jahr nach dem Wegfall der 75-cm^3-Klasse. (Foto: Archiv Günter Sengfelder)

Peter Neumann holte für Zündapp drei deutsche und vier europäische Meistertitel in der Klasse bis 50 cm^3.

Die 175er Werks-GS, auf der Eddi Hau 1976 und 1977 Deutscher Meister wurde. (Foto: Archiv Günter Sengfelder)

Eddi Hau, hier bei der »Schweren Badischen« 1975, fuhr für Zündapp fünf deutsche und zwei europäische Meistertitel ein.

Jürgen Grisse – hier während der Sechstage-Fahrt 1977 in der Tschechoslowakei – holte für Zündapp drei deutsche- und einen europäischen Meistertitel. (Foto: Archiv Günter Sengfelder)

Klaus-Bernd Kreuz (Mitte) holte die letzten deutschen Meistertitel und die letzte Europameisterschaft 1982 für Zündapp. Hier während der Sechstage-Fahrt 1981 auf Elba mit Betreuer Messner (links) und Konstrukteur Gorgos. (Foto: Archiv Günter Sengfelder)

Neben seinen deutschen Meistertiteln wurde Volker Kramer 1968 (50 cm^3, Foto) und 1969 (100 cm^3) auch zwei Mal Europameister.

Heinz Brinkmann – hier bei der Ehrung nach dem EM-Lauf 1970 in Italien zusammen mit Elisabeth Mann – holte für Zündapp vier deutsche Meister- und zwei Europameistertitel. (Foto: Archiv Günter Sengfelder)

Andreas Brandl, hier bei »Rund um Zschopau« 1970 auf Zündapp 75 cm^3, holte gleich fünf Europameistertitel für die Münchner.

Josef Wolfgruber war einer der erfolgreichsten Zündapp-Werksfahrer überhaupt. Meistens auf der GS 100 unterwegs, wurde er sechs Mal Deutscher Meister und ebenso oft Europameister.

Mit acht Europameistertiteln in den Klassen 50, 100 und 175 cm^3 und den sieben deutschen Meisterschaften war Erwin Schmider der erfolgreichste Zündapp-Fahrer aller Zeiten.

Auch Rolf Witthöft, hier bei den Six Days 1975 auf der 100-cm³-Enduro, gehörte mit fünf Europameistertiteln zu den sehr erfolgreichen Zündapp-Fahrern.

Die 125er Werksenduro mit Zentralfederbein für die Saison 1980.

1982 wurde im Endurosport die Klasse bis 80 cm³ eingeführt. Zündapp konnte sich mit dieser Maschine und Pietro Gagni im Sattel den EM-Titel sichern.

Zündapp im Trial-Sport

Beim Einstieg des Münchener Werkes in den Sport folgte Zündapp bald dem internationalen Trend, für den Sporteinsatz keine Serienmodelle mehr zu verwenden. Die Abkehr von den serienmäßigen Motorrädern begann bei den Trial-Maschinen, die unter spezieller Mithilfe der Fahrer entwickelt wurden. Reihenweise gewannen die Zündapp-Fahrer in den verschieden Hubraum-Klassen die Deutsche Trialmeisterschaft. Der erste spektakuläre internationale Erfolg gelang Gustav Franke 1964 mit dem Sieg beim berühmtesten Trial auf dem europäischen Kontinent, dem »Trial Lamborelle« in Ohain (Belgien). Franke gewann 1965 den Wettbewerb um den Henry-Croutars-Pokal (damals die inoffizielle Europameisterschaft) und Alfred Lehner glänzte auf der Hunderter mit dem Klassensieg in der 175 cm^3-Klasse.

Nach zahlreichen Deutschen Meistertiteln stieg Zündapp 1970 werkseitig aus dem Trial-Sport aus, nichtsdestotrotz sammelten nun Privatfahrer weitere Meistertitel in den Folgejahren ein.

Die Zündapp Trial 175, mit der Günter Sengfelder in den 60er Jahren sehr erfolgreich Trial-Wettbewerbe der Klasse bis 200 cm^3 bestritt.

Trial-Frühzeit: Günter Sengfelder auf Zündapp Trial 175 beim Hainberg Trial 1961.

Günter Sengfelder war mit sieben deutschen Meistertiteln der zweiterfolgreichste Trial-Fahrer auf Zündapp.

Gustav Franke war der ultimative Trialspezialist und holte von 1962 bis 1971 zehn deutsche Meistertitel für Zündapp.

Gustav Franke mit seiner 250er Werks-Trial im Jahre 1968.

Auch Zündapp-Teile fanden Eingang in diese Eigenbau-Trialmaschine, wie der 175er Motor und die Telegabel. (Foto: Hofmann Motorsport)

1969 und 1970 holte Zündapp auch den deutschen Trial-Titel in der 50er Klasse. Nach dem Ausstieg des Werkes 1970 waren noch jahrelang Privatfahrer auf Zündapp-Maschinen unterwegs, wie hier Martin Niebuhr im Jahre 1974. (Foto: Rainer Heise)

Chronik der Deutschen Trial-Meister auf Zündapp

Jahr	Fahrer	Klasse
1960	Lorenz Specht	bis 100 cm^3
1961	Lorenz Specht	bis 100 cm^3
	Günter Sengfelder	bis 200 cm^3
1962	Günter Sengfelder	bis 200 cm^3
	Gustav Franke	über 200 cm^3
1963	Andreas Brandl	bis 100 cm^3
	Günter Sengfelder	bis 200 cm^3
	Gustav Franke	über 200 cm^3
1964	Andreas Brandl	bis 100 cm^3
	Günter Sengfelder	bis 200 cm^3
	Gustav Franke	über 200 cm^3
1965	Andreas Brandl	bis 100 cm^3
	Günter Sengfelder	bis 200 cm^3
	Gustav Franke	über 200 cm^3
1966	Andreas Brandl	bis 100 cm^3
	Günter Sengfelder	bis 200 cm^3
	Gustav Franke	über 200 cm^3
1967	Andreas Brandl	bis 100 cm^3
	Franz Brandl	bis 200 cm^3
	Gustav Franke	über 200 cm^3
1968	Josef Wolfgruber	bis 100 cm^3
	Günter Sengfelder	bis 200 cm^3
	Gustav Franke	über 200 cm^3
1969	Josef Wolfgruber	bis 50 cm^3
	Franz Brandl	bis 175 cm^3
	Gustav Franke	über 175 cm^3
1970	Josef Wolfgruber	bis 50 cm^3
	Andreas Brandl	bis 175 cm^3
	Gustav Franke	über 175 cm^3
1971	Wolfgang Butzner	bis 50 cm^3
	Gustav Franke	bis 200 cm^3
1972	Reinhard Christel	bis 125 cm^3
	Josef Wolfgruber	über 125 cm^3

Zündapp im Moto Cross

Schon Ende der 60er Jahre zog sich Zündapp wieder aus dem Trial-Sport zurück, um sich verstärkt dem publikumswirksameren Moto Cross-Sport zu widmen. Auch hier stellten sich bald Erfolge in der Deutschen Meisterschaft in der 125er Klasse ein. Zündapp verpflichtete den jungen Belgier Andre Malherbe und konnte mit dem späteren vielfachen Weltmeister gegen stärkste japanische Konkurrenz 1973 und 1974 den FIM-Cup, den Vorläufer der Moto Cross-Weltmeisterschaft, gewinnen. 1975 errang der Belgier Gilbert de Roover die Vize-Weltmeisterschaft dieser Klasse. Nachdem fast alle japanischen Werke in der kleinsten Moto-Cross-Hubraumklasse mit enormem Aufwand antraten, zog sich Zündapp aus Kostengründen Ende der 70er Jahre auch aus dieser Sportart zurück.

Der erfolgreiche Geländesportler Josef Wolfgruber fuhr nebenbei auch noch vier deutsche Meistertitel auf Zündapp im Trial ein.

Chronik der Deutschen Moto-Cross-Meister auf Zündapp

Jahr	Fahrer	Klasse
1971	Erwin Schmider	bis 125 cm^3
1972	Fritz Schneider	bis 125 cm^3
1973	Fritz Schneider	bis 125 cm^3
1974	Erwin Schmider	bis 125 cm^3
1976	Eddi Hau	bis 125 cm^3

Teilansicht der 125er Moto-Cross-Maschine, mit der Erwin Schmider 1971 Deutscher Meister wurde.

Letzte Ausführung der 125er Werks-Moto-Cross-Maschine von Zündapp, mit der Eddi Hau 1976 Deutscher Meister wurde.

Fritz Schneider wurde 1972 und 1973 Deutscher Moto-Cross-Meister auf Zündapp 125 cm³.

TEIL 3
Die kleinen Klassen: Die Jahre 1953 bis 1984

ZÜNDAPP
ZÜNDAPP

Kapitel 11: Die Mopeds

Was nach der Währungsreform im Sommer 1948 und der Aufhebung der 60-cm^3-Hubraumbegrenzung durch die Besatzungsmächte in der westdeutschen Motorradindustrie passierte, erinnerte ein wenig an den Motorradboom in Deutschland Mitte der zwanziger Jahre des vorigen Jahrhunderts. Wie damals waren es vor allem die sogenannten Konfektionäre – Hersteller, die Antriebseinheiten und oft auch Federelemente, Räder, Lenker und Armaturen aus der Zulieferindustrie bezogen –, die wie Pilze aus dem Boden schossen. Viele von ihnen, meistens aus der Fahrradbranche kommend, hatten sich schon vor dem Zweiten Weltkrieg im zu jener Zeit stark aufkommenden Mofabau engagiert. In der zweiten Hälfte der 1930er Jahre kam das sogenannte »Motorfahrrad«, ein leichtes Motorrad mit zusätzlichem Pedaltrieb, immer mehr in Mode. Auch »pedalisiertes Motorrad« genannt, steuer- und führerscheinfrei, wurde das Gefährt meist von einem zugekauften Motor angetrieben. Hauptantriebsquelle jener Zeit war der Zweitakt-Sachs-Motor Modell 32, der mit 98 ccm Hubraum 2,25 PS leistete und in 30 verschiedenen deutschen Kleinmotorrädern werkelte, allen voran in den Maschinen der Marktführer Miele und Wanderer. Viele dieser Hersteller starteten nun 1948/49 wieder mit den letzten, oft nur leicht überarbeiteten Vorkriegsmodellen durch.

Alfred Kreidler aus Kornwestheim hatte eine andere Idee. Er und sein 1950 zu ihm gestoßener Konstrukteur Johann Hilber wollten auch Mofas bauen. Nur sollte das Kreidler-Mofa einfacher und billiger sein und trotzdem mindestens den gleichen Nutzwert haben wie ein herkömmliches Fahrzeug dieser Klasse. Die Idee war nun, einen kleineren und leichteren Rahmen nur noch in der Durchstiegsvariante zu bauen und einen modernen Zweitaktmotor mit nur 50 cm^3 Hubraum in sein Dreieck zu setzen. Mit einem in das Getriebe integrierten Pedaltrieb konnte auf die zweite Antriebskette verzichtet werden. 1951 lief die erste Serienmaschine der K 50 vom Band und war auf Anhieb ein Erfolg. Mit ihren 2 PS lief die Maschine 55 km/h und kostete nur 535 Mark. Für ein Mofa des ehemaligen Marktführers Miele, das 15 kg schwerer und nur 5 km/h schneller war, musste der Käufer mindestens 690 Mark berappen. Die Konkurrenz war schnell auf den Plan gerufen und eine rasante Entwicklung nahm ihren Lauf.

Zündapp-Combimot

Dr. Eitel-Friedrich Mann übernahm als geschäftsführender Direktor die Leitung des Münchener Werkes in der Anzinger Straße. Die dortigen Werkstätten waren zunächst nur gemietet worden, die Nähmaschinenfertigung lief bereits 1950 an.

Neben der Produktion von Motorrädern in Nürnberg begann man in München die Fertigung eines kleinen Motors vorzubereiten, der für den nachträglichen Einbau in Fahrräder bestimmt sein sollte.

Ende 1952 entstand schließlich der robuste, einfache und zuverlässige »Zündapp-Combimot«. Dieser Motor wog nur reichlich sechs Kilogramm, leistete 1,2 PS und erlaubte es, bis zu zwölfprozentige Steigungen zu bewältigen. Der Name »Combimot« kam nicht von ungefähr: In drei Typen hergestellt, konnte er an drei verschiedenen Stellen am Fahrrad installiert werden: vorne am Lenkerschaft (KM 48/3), in der Mitte vor dem Tretlager (KM 48/4 oder KM 48/5) oder hinten neben dem Hinterrad (KM 48/6). Bei der Aufhängung am Lenkerschaft erfolgte der Antrieb mittels Keilriemen auf das Vorderrad. Bei der Anbringung vor dem Tretlager wurde das Hinterrad mit Kette oder Keilriemen angetrieben, während für die Hinterradaufhängung nur der Kettenantrieb vorgesehen war. Der Anbau an ein Fahrrad ließ sich in kürzester Zeit bewältigen. Zum Anfahren diente eine völlig gekapselte Jurid-Dreischeiben-Trockenkupplung. Wie bei einem Motorrad konnte über einen Kupplungsgriff mit Sperrklinke am linken Lenkerende die Kraftübertragung zum angetriebenen Rad unterbrochen oder wieder hergestellt werden. Die Geschwindigkeit ließ sich mit einem Gasdrehgriff am rechten Lenkerende regulieren und der Motor mittels Kurzschlussknopf stillsetzen. Die Sperrklinke am Kupplungshebel hielt diesen in Auskupplungsstellung fest, und so konnte mit Combimot wie mit einem normalen Fahrrad gefahren werden.

In der Weiterentwicklung wurde der Hubraum auf fast 50 cm^3 und die Leistung auf 1,5 PS erhöht. Die Bezeichnung lautete jetzt KM 50.

Teilansicht des Münchener Zündapp-Werkes Mitte der 1950er Jahre.

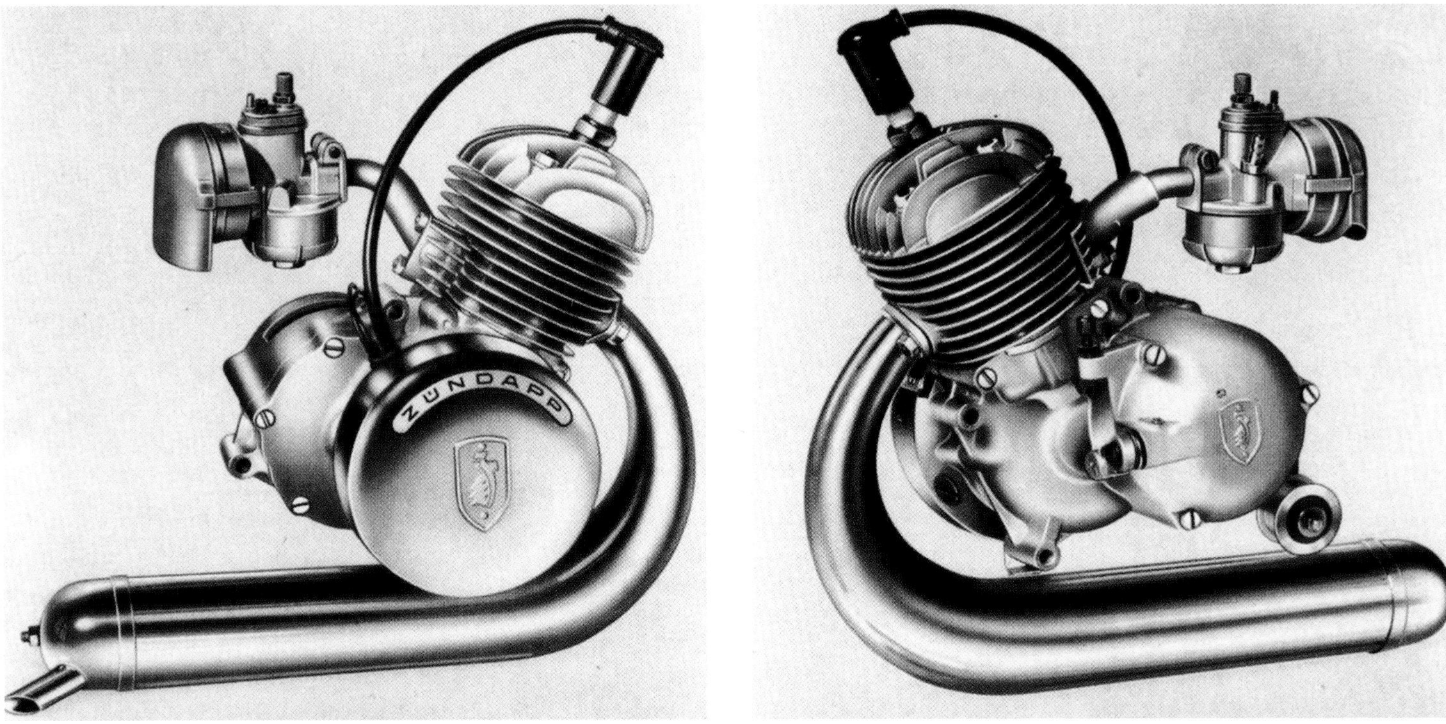

Zündapp hatte den Combimot KM 48 zwar vorrangig als Fahrrad-Hilfsmotor entwickelt, der Motor konnte aber auch leicht für den Einbau in erste Mopedmodelle fit gemacht werden.

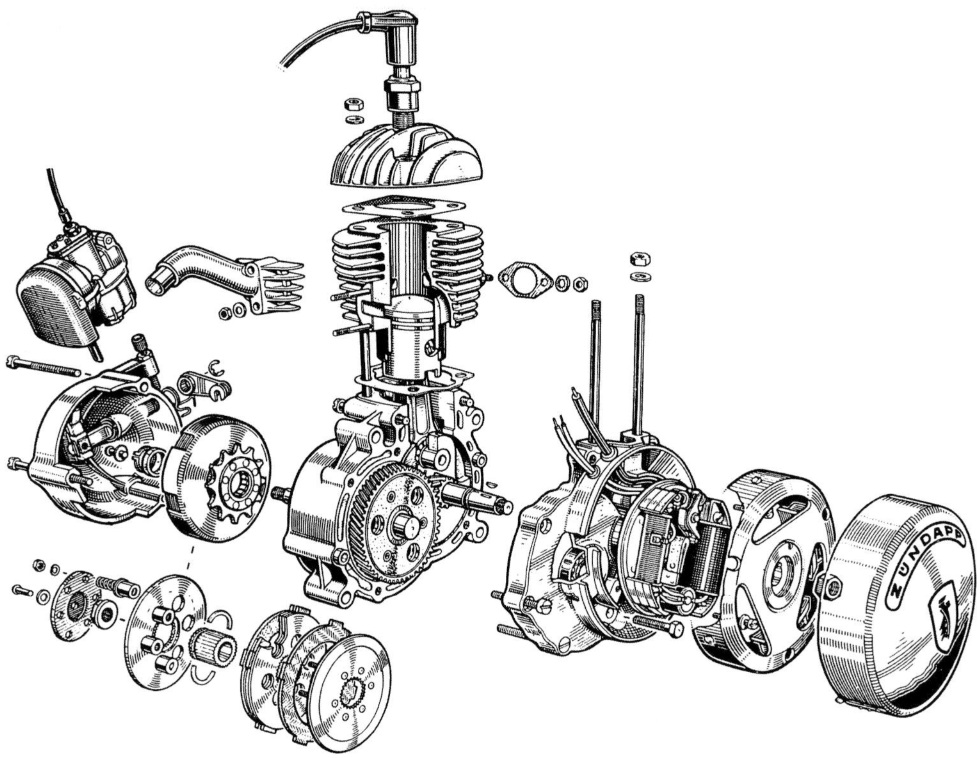

Die Explosionszeichnung des Combimot KM 48. Der Motor konnte von Interessenten ab 275 Mark erworben werden.

Als Hilfsmotor am Fahrrad mit Kettenantrieb hatte das Triebwerk die Bezeichnung KM 48/5 erhalten.

Die erste Combinette

1952 sprangen weitere Hersteller mit unterschiedlichen Konzepten auf den 50-cm^3-Zug auf. Bei der führerscheinfreien 50-cm^3-Grenze hatte der Gesetzgeber ursprünglich nur an Fahrräder mit Hilfsmotoren gedacht, doch jetzt entstanden motorradähnliche Gefährte mit ganz anderen Fahrleistungen. Der Verband der Fahrrad- und Motorradindustrie (VFM) und der Gesetzgeber sahen sich gezwungen, die Situation neu zu überdenken. Heraus kam die führerscheinfreie Klasse der Fahrräder mit Hilfsmotoren, deren Gesamtgewicht auf 30 kg (plus 10 % Toleranz) begrenzt wurde. Außerdem musste die Tretkurbellänge mindestens 125 mm und der Durchmesser des Hinterrades mindestens 580 mm betragen. Im Nachhinein nannte man diese Fahrzeugklasse »Moped« (die Firma Ilo aus Pinneberg, die Anfang 1953 ihren ersten 50er Pedalmotor auf den Markt brachte, regte diese Bezeichnung an), ein Kunstwort, zusammengesetzt aus »Motor« und »Pedale«.

Bei Zündapp erfolgte im März des Jahres 1953 der nächste Schritt hin zum Komplettfahrzeug: Das Fahrwerk des ersten Zündapp-Mopeds war eine Gemeinschaftsentwicklung zusammen mit Triumph und Hercules. Für Vortrieb sorgte der schon bewährte, getriebelose Combimot mit 1,2 PS Leistung, der über eine eingebaute Untersetzung das Hinterrad über Kette – oder auf Wunsch mittels Keilriemen – antrieb. Das Fahrwerk mit den großen 26-Zoll-Rädern war bei Hercules entstanden. Zündapp bot das Fahrzeug unter der Bezeichnung »Combinette« in vier Varianten an: Modell 1a mit Kettenantrieb zum

Die erste Zündapp Combinette Typ 2a von 1953, mit Riemenantrieb und ohne Vorderradfederung.

Beim Modell 2b von 1953 ist die Torsionsfeder im oberen Gabelende zu erkennen.

Diese Zündapp-Werbeaufnahme von 1953 mit der Combinette Typ 1b soll wohl die Steigfähigkeit des Combimot-Triebwerks belegen.

Hinterrad, Modell 1b, ebenfalls mit Kettenantrieb, aber einer Torsionsfederung für das Vorderrad, Modell 2a mit Riemenantrieb zum Hinterrad und schließlich das Modell 2b mit Riemenantrieb und Torsionsfeder.

Immer mehr Kleinmotoren: Das Münchener Werk wächst

Bereits 1954 hatte das Werk in München 100.000 Kleinmotoren ausgeliefert. Modernste Fertigungs- und Prüfmethoden sorgten für einen hohen Qualitätsstandard. In einer eigenen Druckgussmaschine entstanden die Aluminium-Motorgehäuse mit sauberen Oberflächen und minimalen Toleranzwerten. Zehn Motorprüfstände waren gleichzeitig in Betrieb; die Aggregate trieben über Kette oder Riemen einen Dynamo an, dessen Leistungsaufnahme durch Widerstände reguliert werden konnte.

Zum Jahresende 1954 konnte man auf die stolze Anzahl von 150.000 Kleinmotoren verweisen. Die Belegschaft war auf 1200 Köpfe angewachsen und die Monatsproduktion lag bei 15.000 kleinen Zweitaktmotoren. Damit war man in diesem Marktsegment unangefochtener Marktführer.

Die ständig steigende Nachfrage nach kleinen Zündapp-Zweirädern machte 1955 den Bau einer neuen Werkhalle neben dem bisher schon benutzten Gebäude an der Anzinger Straße erforderlich. Das

Gelände hatte man, in weiser Voraussicht, schon erworben. Gleichzeitig wurde eine eigene Druckgießerei eingerichtet, die entsprechend der weitgesteckten Ziele auf dem Kleinmotoren- und Moped-Sektor sehr großzügig ausgelegt war.

Combinette (Typen 408 bis 411)

Nach der Umstellung auf den leistungsstärkeren Motor KM 50 im November 1954 führte Zündapp ein Typennummernsystem zur besseren Unterscheidung der einzelnen Modelle, mit der Zahl 400 beginnend, ein. Äußerlich waren die ersten Modelle an der kleinen Feder oben vor der Gabel (Pendelgabel) von den Vorgängern zu unterscheiden. Es handelte sich immer noch um die Mopeds mit dem Gemeinschaftsfahrwerk (26-Zoll-Räder), die jetzt aber ausschließlich mit der kleinen Vorderradfederung ausgeliefert wurden. Während die Typen 408 (Kettenantrieb) und 410 (Riemenantrieb) den Vorgängermodellen 1b und 2b entsprachen, besaßen die Modelle 409 (Kettenantrieb) und 411 (Riemenantrieb) einen Satteltank. Die Maschinen mit Riemenantrieb waren nur noch symbolisch im Angebot, die Stückzahlen blieben einstellig. Dennoch blieben diese Mopeds bis 1955 offiziell im Zündapp-Programm.

Die 26-Zoll-Combinette im Überblick

Combinette 1a	**1953-1954**	**28.768 Stück**
1-Zyl.-2-Takt	48 cm^3	1,2 PS / 3800 U/min
Combinette 1b	**1953-1954**	**k. A.**
1-Zyl.-2-Takt	48 cm^3	1,2 PS / 3800 U/min
Combinette 2a	**1953-1954**	**1108 Stück**
1-Zyl.-2-Takt	48 cm^3	1,2 PS / 3800 U/min
Combinette 2b	**1953-1954**	**10.246 Stück**
1-Zyl.-2-Takt	48 cm^3	1,2 PS / 3800 U/min
Combinette 408	**1954-1955**	**192 Stück**
1-Zyl.-2-Takt	49,9 cm^3	1,5 PS / 4500 U/min
Combinette 409	**1954-1955**	**91 Stück**
1-Zyl.-2-Takt	49,9 cm^3	1,5 PS / 4500 U/min
Combinette 410	**1954-1955**	**3 Stück**
1-Zyl.-2-Takt	49,9 cm^3	1,5 PS / 4500 U/min
Combinette 411	**1954-1955**	**6 Stück**
1-Zyl.-2-Takt	49,9 cm^3	1,5 PS / 4500 U/min

Bei der baulichen Erweiterung des Münchner Zündapp-Werks Mitte der 1950er Jahre nahm die moderne Druckgießerei eine zentrale Rolle ein.

In dieser damals äußerst modernen Druckgussmaschine wurden die Rahmenteile der ab 1956 gebauten Maschinen hergestellt.

Die Prospektseite zeigt die Combinette-Typen 408 bis 411, die letzten Zündapp-Mopeds mit 26-Zoll-Rädern, die kaum noch auf Käuferinteresse stießen.

Das Prospektbild zeigt die neue Combinette-Typenreihe mit 23-Zoll-Rädern, die ab November 1954 montiert wurde.

Combinette (Typen 400 bis 403)

Dem Trend der Zeit folgend hatte Zündapps neue Mopedlinie für das Jahr 1955 (Produktionsbeginn November 1954) kleinere 23-Zoll-Räder anstelle der bisherigen 26-Zöller. Angetrieben wurden die Maschinen weiterhin vom KM 50 mit 1,5 PS und nur einer Fahrstufe. Angeboten wurden wieder ein Modell mit Kettenantrieb und Satteltank (Typ 400), ein Modell mit Riemenantrieb und Satteltank (Typ 401), ein Modell mit Kettenantrieb und dem Tank hinter dem Sattel (Typ 402) sowie in der Variante mit Riemenantrieb und Tank hinter dem Sattel.

Während sich der Typ 400 noch einigermaßen verkaufte, blieben die anderen Modelle nur Randnotizen. Das aber lag in erster Linie daran, dass Zündapp – ebenfalls noch Ende 1954 – einen echten Bestseller auf den Markt gebracht hatte.

Combinette (Typen 404 und 406)

Im Dezember 1954 begann die Fertigung der Combinette mit einem neuen Zweigangtriebwerk. Der neue Motor hieß »Combimot ZM 50«, in den Werkstattunterlagen wurde er als Typ 255 geführt. Neben dem neuen Zweiganggetriebe war es vor allem die Erhöhung der Motorleistung auf 1,8 PS (hervorgerufen durch die Erhöhung der Verdichtung von 1:6,3 auf 1:6,5), die das Modell so attraktiv machte. Nach altbewährtem Muster gab es nun den Typ 404 mit Satteltank und das Modell 406 mit dem Tank hinter der Sattelstütze. Auf den wenig beliebten Riemenantrieb hatte man endlich verzichtet. Das 23-Zoll-Fahrwerk mit Pendelgabel blieb der Combinette weiterhin

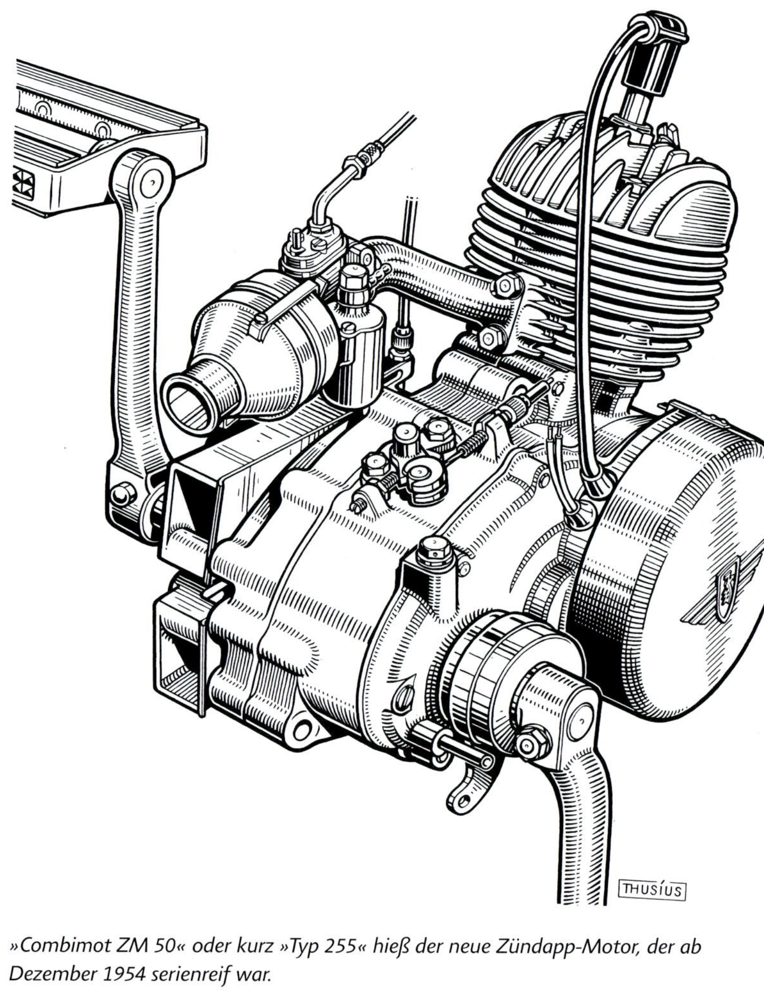

»Combimot ZM 50« oder kurz »Typ 255« hieß der neue Zündapp-Motor, der ab Dezember 1954 serienreif war.

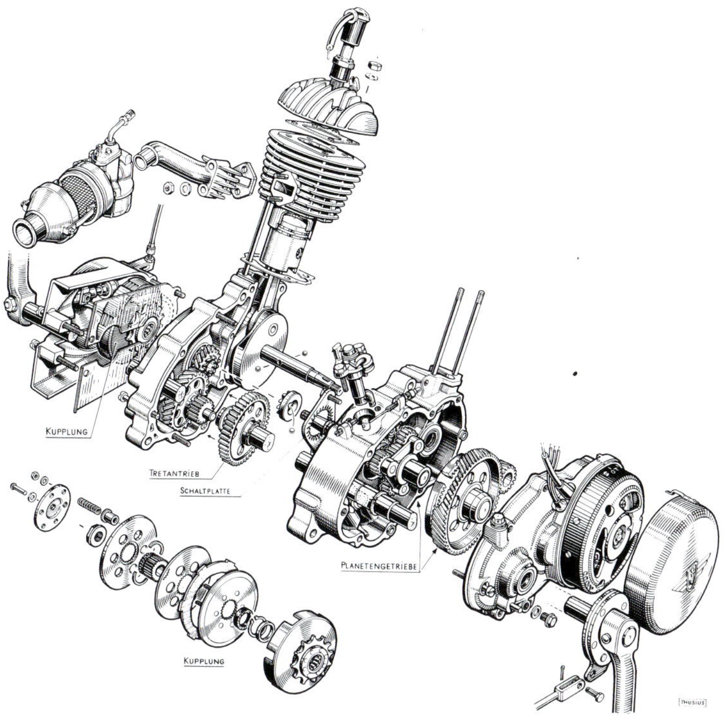

Der Zündapp-Motor Typ 255 mit Zweigang-Planetengetriebe in der Explosionszeichnung.

erhalten. Mit über 40.000 Einheiten stellte die Combinette 404 einen neuen Produktionsrekord bei den Zündapp-Mopeds auf. Da im Gegensatz dazu das Modell 406 keine 2000 Exemplare sah, entschieden die Vertriebsleute in München, künftig keine Mopeds mit Tank hinter der Sattelstütze mehr zu bauen.

Die 23-Zoll-Combinette mit Pendelgabel im Überblick

Combinette 400	**1954-1955**	**6813 Stück**
1-Zyl.-2-Takt	49,9 cm^3	1,5 PS / 4500 U/min
Combinette 401	**1954-1955**	**420 Stück**
1-Zyl.-2-Takt	49,9 cm^3	1,5 PS / 4500 U/min
Combinette 402	**1954-1955**	**860 Stück**
1-Zyl.-2-Takt	49,9 cm^3	1,5 PS / 4500 U/min
Combinette 403	**1954-1955**	**347 Stück**
1-Zyl.-2-Takt	49,9 cm^3	1,5 PS / 4500 U/min
Combinette 404	**1954-1955**	**40.425 Stück**
1-Zyl.-2-Takt	49,9 cm^3	1,8 PS / 5000 U/min
Combinette 406	**1954-1955**	**1180 Stück**
1-Zyl.-2-Takt	49,9 cm^3	1,8 PS / 5000 U/min

Die Moped-Zeitschrift Nr. 3 vom November 1954 zeigte schon die neue Zweigang-Combinette Typ 404. Für einen Test stand sie aber noch nicht zur Verfügung, dafür musste noch das Modell 400 genügen.

Combinette 405, 412, 422 und 428

Das Modell 405, das ab September 1955 die Combinette 404 ablöste, wartete mit einigen Neuerungen auf. Endlich gab es eine mopedgerechte Kurzschwinge für das Vorderrad, dessen Schutzblech noch voluminöser herumgezogen wurde. Auch das Hinterrad war jetzt im oberen Bereich hinter einer Blechverkleidung versteckt, welche die bisherigen Kleiderschutzstreben ablöste. Eine 90-mm-Vollnaben-Trommelbremse vorn und hinten sorgte nun für eine ordentliche Verzögerung. Der Zweigangmotor, jetzt vom Typ 255, war erstmalig überarbeitet worden. Er leistete zwar nur noch 1,5 PS, hatte aber im unteren Drehzahlbereich mehr Durchzug. Apropos Drehzahl: Die konnte deutlich abgesenkt werden, was zusammen mit einem – sowohl äußerlich, als auch im Inneren – überarbeiteten Auspuff für weniger Lautstärke sorgte. Die Werbung strich ausdrücklich die »leisen 74 Phon« heraus. Mit 613 Mark war die Combinette 405 das bisher teuerste Moped der Münchener. Aber was heißt Moped, die vorgeschriebenen 33 kg schaffte das üppig verkleidete Fahrzeug eigentlich nicht mehr, aber eine geänderte Gesetzgebung war schon auf dem Weg…

oder den Mann zu bringen, was aber nicht wirklich gelang. Die Stückzahlen blieben bescheiden.

Eine Besonderheit im Zündapp-Programm war ab Januar 1956 der Versuch, auf Combinette-Basis ein Lastenmoped auf dem Markt zu etablieren. Bis auf das Vorderrad und dessen Führung entsprach das Fahrzeug dem Modell 405. Ein kleines, ungefedertes 20-Zoll-Vorderrad ermöglichte den Aufbau eines stabilen Gepäckträgers, der kleine

In der Werbung stellte Zündapp für das Modell 405 besonders die neue Vorderradfederung mittels geschobener Kurzschwinge heraus.

Mit gleichem Chassis und derselben Optik erschien im Januar 1956 die Combinette Typ 412. Den Unterschied machten lediglich der Motor und letztlich der Preis. Mit diesem Moped versuchte Zündapp weiterhin, das alte Eingangtriebwerk KM 50 an die Frau

Frachten aufnehmen konnte. Für Zustelldienste diverser Art gedacht, fand das Fahrzeug nur wenig Anklang und verschwand im Folgejahr wieder aus dem Zündapp-Programm. Der Pizza-Lieferservice hatte sich in Deutschland noch nicht etabliert.

Nach dem Modell 404 wurde auch die Combinette 405 zu einem Verkaufsschlager für Zündapp.

Der Versuch, ein Lastenmoped, wie man es ähnlich aus vergangenen Jahrzehnten kannte, am Markt zu etablieren, erfüllte nicht die Erwartungen.

Der Typ 412 war in der Ausstattung identisch mit der Combinette 405, lediglich das Eingang-Triebwerk KM 50 war mit einem anderen, kurzen Auspuff ausgestattet.

Die Combinette Typ 422 war das erste Zündapp-Moped mit einer Hinterradfederung. Für deren Stabilität sorgte der neue Druckguss-Heckaufbau.

1956 musste sich niemand mehr nach der 33-Kilo-Grenze strecken, die Gewichtsformel für Mopeds in Deutschland war aufgehoben worden. Dafür hatte der Gesetzgeber die Höchstgeschwindigkeit auf 40 km/h limitiert, die die meisten Mopeds längst erfüllten. Das war der Startschuss bei nahezu allen Herstellern zur Entwicklung neuer, stabiler Fahrwerke.

Kernstück der Neuerscheinungen bei Zündapp war das innovative Chassis. Das Fahrwerk (selbstverständlich allradgefedert, wie nun

Die Combinette 422 war 1956 ein sehr modernes Moped, das jeder modernen Frau – laut Zündapp-Werbung – gut zu Gesicht stand.

Zündapp-Werksfoto der ersten Combinette Typ 428 von 1958. Kurz nach Produktionsanlauf wurde ihre Leistung von 1,6 auf 2 PS angehoben.

Die Combinette 428 von 1963 weist deutliche optische Änderungen gegenüber dem Urmodell auf. Die Motorleistung war auf 2,6 PS gestiegen. (Foto: Stefan Schader)

alle Münchener Zündapp-Modelle) verfügte bei der Combinette 422 als tragendes Teil über einen Mittelrahmen, dessen Rückgrat-Stahlrohr von einem Heck-Druckgussteil umschlossen war. Daraus resultierte ein ebenso formschönes wie robustes und verwindungssteifes, modern und rationell zu produzierendes Zweiradfahrwerk, das in den darauffolgenden Jahren systematisch verbessert wurde. Die Motor-Getriebeeinheit blieb gegenüber der Combinette 405 unverändert.

Das letzte Zündapp-Moped, das unter der schlichten Bezeichnung »Combinette« 1958 die Nachfolge des Modells 422 antrat, war der Typ 428. Das Chassis dieses Mopeds und auch die neue Form des Triebwerks waren zuvor schon beim Modell Combinette S 423 (siehe nächstes Kapitel) verwendet worden, ebenso wie der geschlossene Kettenkasten. Der Druckguss-Rahmenkörper war nun bis an den Satteltank herangeführt worden; ganz neu waren die Verkleidungen für Kurzschwinge und Vergaser.

Der Typ 428 avancierte zum am längsten gebauten Moped bei Zündapp. Bis 1963 stand es im Angebot und erlebte bis dahin einige optische und technische Änderungen, wie zum Beispiel das ab 1961 von Super-Combinette und Super-Falconette übernommene Rücklicht. Außerdem konnte später wahlweise eine »Einpersonen-Sitzbank« anstelle des Fahrradsattels geordert werden. Die ursprüngliche Leistung von 2 PS stieg ab 1962 auf 2,6 PS, dabei blieb die Höchstgeschwindigkeit von 40 km/h unberührt. Trotz der langen Bauzeit blieb der Ausstoß mit gut 47.000 Mopeds eher bescheiden und deutlich hinter anderen (teureren!) Zündapp-Modellen zurück.

Die Combinette-Typen 1955-1963 im Überblick

Combinette 405	**1955-1956**	**36.840 Stück**
1-Zyl.-2-Takt	49,9 cm^3	1,5 PS / 4200 U/min
Combinette 412	**1956-1957**	**2582 Stück**
1-Zyl.-2-Takt	49,9 cm^3	1,5 PS / 4500 U/min
Lastenmoped 407	**1956-1957**	**445 Stück**
1-Zyl.-2-Takt	49,9 cm^3	1,5 PS / 4200 U/min
Combinette 422	**1956-1958**	**40.421 Stück**
1-Zyl.-2-Takt	50 cm^3	1,5 PS / 4200 U/min
Combinette 428-00	**1958-1962**	**(alle 428-Typen) 47.127 Stück**
1-Zyl.-2-Takt	50 cm^3	2 PS / 4750 U/min
Combinette 428-001	**1962-1963**	**(alle 428-Typen) 47.127 Stück**
1-Zyl.-2-Takt	50 cm^3	2,6 PS / 4550 U/min

Kapitel 12: Super-Combinette, Falconette und Sport-Combinette

Die Entwicklung der Jahre 1953 bis 1956 auf dem Moped-Markt als rasant zu bezeichnen, wäre schlichtweg untertrieben: Die Dynamik überforderte die meisten Hersteller. Mit der Aufhebung der 33-kg-Formel wurden die Fahrwerke stabiler und komfortabler. Allradfederung war ebenso Pflicht wie ein kräftiger, verwindungssteifer Rahmen. Bei letzterem kamen mehr und mehr Pressstahlteile zum Einsatz.

Auf der Internationalen Fahrrad- und Motorradausstellung im Oktober 1953 in Frankfurt am Main tummelten sich bereits 26 deutsche Hersteller auf dem neuen Mopedmarkt. Etwa 100.000 dieser Fahrzeuge wurden im gleichen Jahr verkauft. Drei Jahre später erreichte die Mopedfertigung in Deutschland ihren Höhepunkt: 53 Anbieter hatten bereits mehr als eine Million Fünfziger verkauft, und vier Jahre später bevölkerten zwei Millionen Mopeds Deutschlands Straßen. Die Zahl der Hersteller allerdings sank stetig, denn die Mitte der 1950er einsetzende Motorradkrise ließ auch namhafte Traditionsunternehmen verschwinden: Die sinkenden Motorradumsätze konnten nicht mit Mopeds alleine kompensiert werden. Im besten Falle ließ sich durch den Fünfziger-Verkauf der unvermeidliche Konkurs noch ein wenig hinaus schieben. Und Newcomer, also Anbieter, die 1953/54 ohne Erfahrung und Vertriebsnetz in den Mopedmarkt eingestiegen waren und das schnelle Geld erhofft hatten, waren sogar noch schneller wieder verschwunden. DKW brachte 1956 das erste Dreigang-Moped auf den Markt – da kam dann auch bald kein Hersteller mehr dran vorbei, und Unternehmen, die nicht dagegen halten konnten, verschwanden als erste vom Markt. Und die

Ausstattungen wurden auch immer aufwändiger und luxuriöser: Der Sitzbanksattel löste den Fahrradsattel ab, die Antriebskette lief in einem geschlossenen Kasten, ein Gepäckträger musste sein, gerne auch Weißwandreifen und eine schicke Zweifarblackierung.

Der Zündapp-Druckgussrahmen

Die Entscheidung, eine eigene Druckguss-Fertigung einzurichten, war der Zündapp-Führung nicht leicht gefallen. Mehr noch: Sie galt als Wagnis, denn dass sich diese Art der Materialverarbeitung so durchsetzen würde, war damals noch keineswegs sicher. Druckguss ist zwar leicht, material- und zeitsparend herzustellen und bedarf so gut wie keiner Nachbearbeitung. Um aber auch wirtschaftlich zu sein, sind erhebliche Stückzahlen erforderlich – die Zündapp dann doch schnell erreichte. In München war man in der Lage, Werkstücke mit einer Projektionsfläche bis zu 1530 cm^2 und einem Gewicht von 10 kg in einem »Schuss« zu gießen. Das Rohr des Mopedrahmens, an dem vorn der Steuerkopf und unten die Lagerung für die Schwinge angeschweißt waren, wurde in die Druckgussanlage gespannt. Aus dreieinhalb Kilogramm flüssigem Aluminium entstand so ein kompletter Rahmen, mit Werkzeugkasten, Batteriefach, Ansaugdämpfer, Sitzbank- und Federbeinhalterung sowie dem vorderen Stück des hinteren Schutzbleches. Auf Sondermaschinen wurden anschließend in einem Arbeitsgang sämtliche Bohrungen ausgeführt und daraufhin mit Gewinde versehen. Die dann notwendigen Nacharbeiten waren minimal. Anschließend konnte das Teil lackiert werden. Der Druckguss-Rahmen war dann auch das Herzstück der Combinette.

Combinette S und Super Combinette

Wie schon im vorigen Kapitel bei der Vorstellung der Combinette 428 angedeutet, war es der bereits 1956 eingeführte Typ 423, der mit einem neuen Druckgussrahmen und einem neuen Motorgehäuse das Zündapp-Design vorgab. Der geschlossene Kettenkasten, der neu geformte und verchromte Tank und die noch üppiger verkleideten Schutzbleche rundeten das neue Erscheinungsbild ab. Die Motor-Getriebeeinheit blieb technisch unverändert – es handelte sich immer noch um den Typ 255 mit Zweigang-Planetengetriebe und 1,5 PS – aber die geschlossene, glatte Linienführung mit dem ovalen Abschluss passte sich äußerst positiv in das Gesamtkonzept ein.

Das neue Moped begründete auch eine neue Modellreihe bei Zündapp. Zunächst als »Combinette S« bezeichnet, folgte wenig später der Werbename »Super-Combinette«. Die Maschine konnte optional mit Beinschildern ausgerüstet werden und anstelle des Schwingsattels war eine Einzelsitzbank lieferbar. Bis 1958 wurden 129.700 Mopeds vom Typ 423 gebaut – nie wieder sollte ein Zündapp-Modell solche Stückzahlen erreichen.

Der Typ 429 trat 1958 die Nachfolge der Combinette S an und wurde parallel mit dem optisch fast gleichen Modell 428 gebaut. Fast, denn hier handelte es sich jetzt um eine Super-Combinette, die mit einigen Änderungen aufwartete. Der nun 1,6 PS leistende Motor verfügte – dem Zeitgeist entsprechend – über ein ziehkeilgeschaltetes Dreiganggetriebe. Als Zweisitzer zugelassen, war es das erste Zündapp-Moped mit einer Doppelsitzbank. Um der möglichen Belastung Rechnung zu tragen, stützte sich die Hinterradschwinge mit je einem Paar Feder-

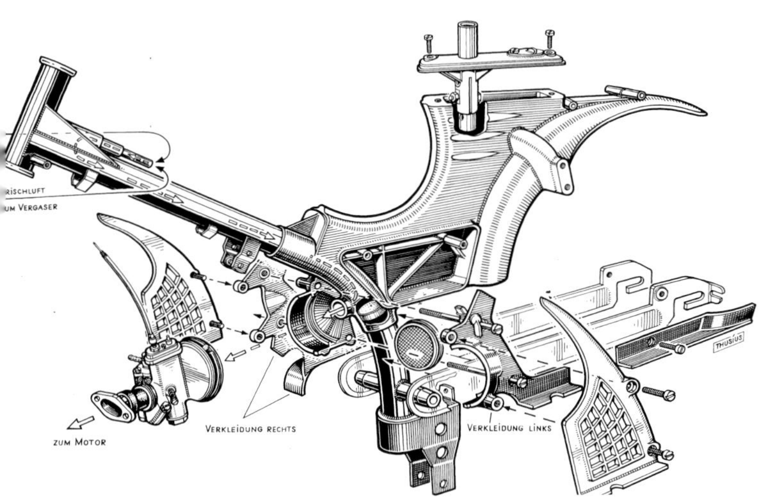

Das neue Zündapp-Fahrwerk mit der Zentralrohr-Druckgusskombination wurde so konsequent erstmals bei der Combinette S ab 1956 umgesetzt.

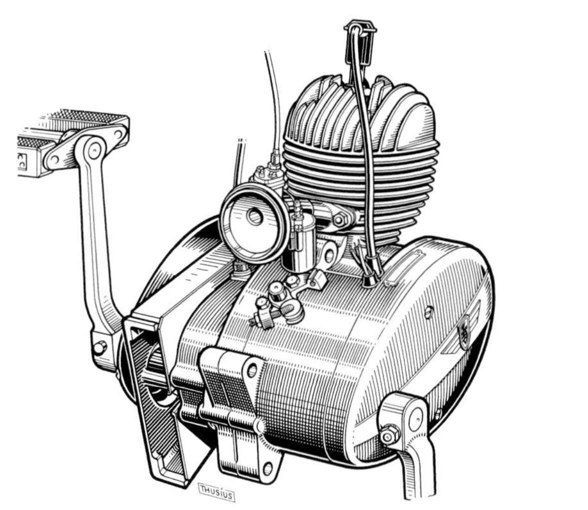

Der Motor Typ 255 erhielt für das Moped-Modell 423 ein neues, formschönes Gehäuse.

beinen links und rechts ab. Das Modell 429 blieb wieder knapp drei Jahre, bis 1960, im Programm und verkaufte sich – obwohl fast 100 Mark teurer als die 428 (821 zu 723 Mark) – über 100.000 Mal.
Für Exportzwecke wurden vom Moped 429 auch schon erste Mokick-Ableger gebaut. Zündapp führte diese Maschinen mit den Typenbezeichnungen 430 und 431 in seinen Produktionsstatistiken.

Mokick oder Moped: Super-Combinette 433

Als ab 1960 vom Gesetzgeber ein Führerschein für das Moped gefordert wurde, ließ das Interesse am pedalisierten Motorrad spürbar nach. Da halfen auch die tollen Sportmopeds, mit der Mars Monza an der Spitze, die wie kleine italienische Straßenrennmaschinen mit Pedalen aussahen, nichts mehr. Das Moped hatte sich nicht zuletzt mit solchen Fahrzeugen ad absurdum geführt und musste sich mit den bald aufkommenden Mofas erst wieder neu erfinden.
Die Hersteller konterten mit einer Mopedversion, bei der Fußrasten und ein Kickstarter die Pedale ersetzten. Aus dem Moped wurde das Mokick, die Geschwindigkeitsbegrenzung blieb hier bei 40 km/h. So kam es, dass die meisten übrig gebliebenen Hersteller nach 1960 aus einem Baukasten-System heraus ohne viel Aufwand ein Moped, ein Mokick und ein Kleinkraftrad mit nahezu gleichem Fahrwerk und nur in seiner Leistung und den Getriebeabstufungen geänderten Motor anbieten konnten. Und Zündapp war da ganz vorne mit dabei.
So konnte die Super-Combinette 433 ab 1960 als Moped (433-102) und ein Jahr später auch als Mokick (433-106) geordert werden. 2,6 PS ließen das Dreiganggetriebe jetzt als sinnvoll erscheinen. Ob man das vom wahlweise lieferbaren Kühlgebläse sowohl beim Moped (433-151) als auch beim Mokick (433-152) sagen konnte, sei dahin gestellt. Zündapp warb mit der Zwangskühlung vor allem beim Publikum in den Bergen. Optisch waren die neuen Super-Combinette-Typen am größeren Tank (7,7 Liter) und den nochmals geänderten Abdeckungen der Vorderradschwinge zu unterscheiden. Bis 1968 blieben die 433er Modelle, von denen insgesamt rund 68.000 Exemplare gefertigt worden, mit wechselnden Ausstattungen und Farben im Programm.

Die Combinette S setzte neue Maßstäbe im deutschen Mopedbau. Sie war wahlweise mit Schwingsattel oder Einzelsitzbank erhältlich.

Die Werbung mag ein wenig dazu beigetragen haben, dass die Combinette S zum meistverkauften Zündapp-Fahrzeug überhaupt wurde.

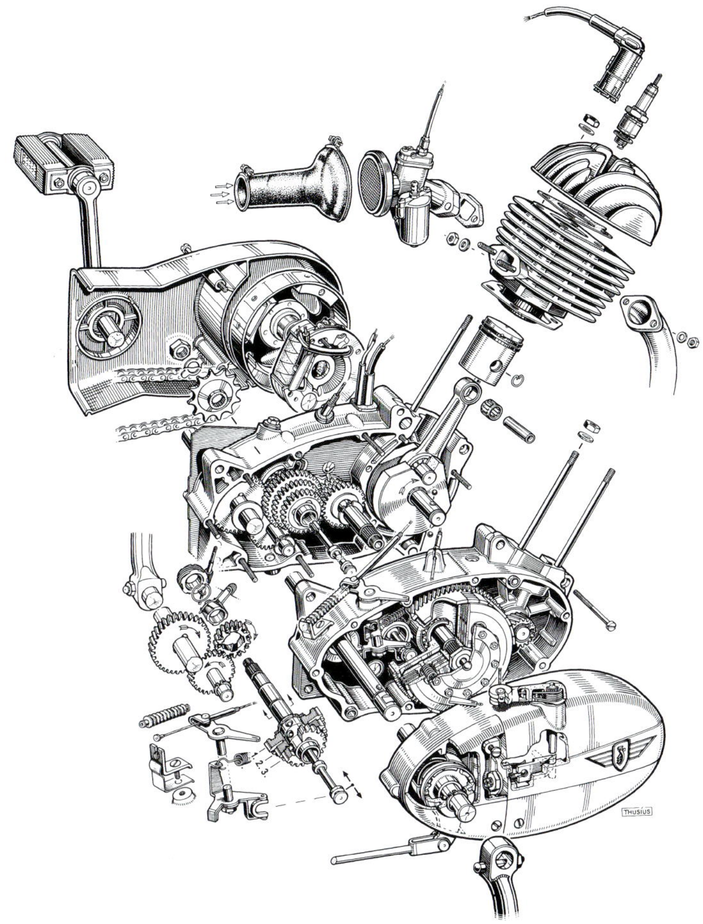

Der Moped-Motor Typ 266 mit Dreigang-Ziehkeilgetriebe.

Doppelsitzbank, doppelte Federbeine und ein Dreiganggetriebe – die Super-Combinette 429 setzte neue Maßstäbe im Zündapp-Mopedbau.

Die Super-Combinette gab es in drei verschiedenen Farbkombinationen. Der Gepäckträger musste extra bezahlt werden.

Die Super-Combinette-Typen im Überblick

Combinette S 423	**1956-1958**	**129.700 Stück**
1-Zyl.-2-Takt	49,9 cm^3	1,5 PS / 4200 U/min
Super-Combinette 429	**1958-1960**	**101.768 Stück**
1-Zyl.-2-Takt	50 cm^3	1,6 PS / 4800 U/min
Super-Combinette 430	**1958-1959**	**1071 Stück**
1-Zyl.-2-Takt	50 cm^3	1,6 PS / 4800 U/min
Super-Combinette 431	**1959-1960**	**1351 Stück**
1-Zyl.-2-Takt	50 cm^3	1,6 PS / 4800 U/min
Super-Combinette 433	**1960-1968**	**67.625 Stück**
1-Zyl.-2-Takt	50 cm^3	2,6 PS / 4550 U/min (4600 mit Gebläse)

… oder einer Gebläsekühlung lieferbar. Beide Triebwerke leisteten 2,6 PS, wobei der Gebläsemotor dafür ein klein wenig schneller laufen musste.

Die Super-Combinette Typ 433, erkennbar am größeren Tank und der neuen Kurzschwingen-Abdeckung, war mit dem vom Fahrtwind gekühlten Motor …

Aus dem Moped-Typ 433 entstand 1961 auch eine Mokick-Version, die wieder fahrtwindgekühlt …

… oder zwangsgekühlt erhältlich war. Bis 1968 wurde diese Super-Combinette gebaut, ab 1963 mit nur noch je einem Federbein.

Falconette 425

Bei den klassischen Mofas mit 98 cm^3 war es ja so gewesen: Erhielten sie Fußrasten und einen Kickstarter anstelle der Tretkurbel, war aus ihnen der Einstieg in die Motorradklasse und ein sicherer zu bewegendes Fahrzeug geworden. Also verpassten sie bei Kreidler dem »Mofa« K 50 einen Kickstarter an der linken Seite, zwei Fußrasten dazu und nannten das ganze K 51. Ein Motorrad mit 55 km/h Höchstgeschwindigkeit! Da musste der Gesetzgeber schon wieder aktiv werden. Im August 1954 wurde nämlich die Straßenverkehrs-Zulassungsordnung noch einmal dahingehend geändert, dass 50-cm^3-Zweiräder mit Fußrasten und Kickstarter künftig als »Kleinkrafträder« geführt wurden. Als »Lex Kreidler« ging diese Regelung in die Kraftfahrzeuggeschichte ein, die für Jahrzehnte eine neue Fahrzeugkategorie schuf. Diese Maschinen konnten mit dem einfachen Führerschein 4 gefahren werden, der in einer theoretischen Prüfung ab 16 Jahren zu erwerben war. Die

Kleinkrafträder blieben steuerfrei, mussten aber haftpflichtversichert und mit einem amtlichen Kennzeichen versehen werden. Die kleinen Maschinen waren sogar für die Autobahn freigegeben.
Bei Zündapp erschien das erste Kleinkraftrad 1957. Es sah noch aus wie die Super-Combinette 429, hatte aber einen neuen 2,0 PS Motor und Dreiganggetriebe, das wahlweise per Hand oder Fuß geschaltet werden konnte. Ab 1958 standen dann 2,3 PS zur Verfügung, die Höchstgeschwindigkeit blieb bei 55 km/h. Außerdem konnten nach der ersten Ausführung mit einer sehr knappen Doppelsitzbank vier verschiedene Satteltypen – vom einfachen Schwingsattel bis zur langen Doppelsitzbank (bestehend aus zwei Einzelsitzkissen) – geordert werden. Die doppelten Federbeine der Hinterradschwinge kamen

Die Falconette Typ 425 eröffnete bei Zündapp den Reigen der Kleinkrafträder und den Leistungswettlauf mit der Konkurrenz.

Die paarweise angeordneten Federbeine der Schwinge waren erstmals beim Typ 425 eingesetzt worden. Durch Umlegen eines Spannhebels waren ein oder zwei Federbeine aktiv.

In der Weiterentwicklung ab 1960/61 beließ man es bei der parallelen Optik, neben dem einen Federbein war aber nun ein hydraulischer Dämpfer angeordnet.

hier erstmals zum Einsatz. Je nach Belastung konnte je eine Feder außer Funktion gesetzt werden. Mit 818 Mark lag das neue Zündapp-Kleinkraftrad rund 100 Mark über der Super-Combinette und auch deutlich über der Konkurrenz.
Und wie kam das Modell 425 zu seinem Namen? Einer Anekdote zufolge kam Alfred Kreidler im Vorfeld der IFMA 1956 zu Ohren, dass Konkurrent Zündapp in Frankfurt ebenfalls ein neues Kleinkraftrad unter dem Namen »Florett« vorstellen wollte. Dieser Name gefiel Kreidler so gut, dass er ihn eiligst für sein eigenes Fahrzeug noch vor der Messe öffentlich propagierte und entsprechende Prospekte drucken ließ. Zündapp blieb nichts weiter übrig, als den Namen fallen zu lassen – aber »Falconette« klang dann schließlich auch nicht so schlecht.

Falconette 435

Ab Mai 1959 kam die neue Falconette Typ 435 in den Handel. Das Fahrwerk nahm das der Super-Combinette 433 vorweg, der Motor leistete hier aber 3,6 PS. Das machte die neue Falconette 65 km/h schnell und gab der Konkurrenz eine Aufgabe. Geliefert wurden auf Wunsch eine durchgehende Sitzbank, zwei Einzelsitze oder zwei Sitzkissen. Der Typ 435 kostete 866 Mark, dafür gab es die Farbkombinationen Golfblau-Alabastergrau und Derbyrot-Alabastergrau.

Falconette 437-220

In Preis und Leistung konnte die Falconette zwar mit der Konkurrenz mithalten, im Design musste sich aber dringend etwas ändern, wollte man die Verkaufszahlen ankurbeln. Weg vom Moped – hin zum Motorrad hieß die Devise, der sich auch Zündapp stellen musste. Dies geschah nun mit dem nur 1960 produzierten Übergangsmodell 437-220, bei dem der Tank, der jetzt 11,5 Liter fasste, in eine waagerechte Position gebracht wurde und an die Sitzbank anschloss. Ansonsten blieben Fahrwerk und Motor erst einmal noch unverändert.

3,6 PS waren 1959 zwar eine echte Hausnummer, aber mit dem immer noch sehr mopedlastigen Charakter konnte die Falconette 435 noch kein Bestseller werden.

Die Falconette Typ 437-220 markierte bei den Zündapp-Kleinkrafträdern 1960 den Übergang vom Moped- zum Motorraddesign.

65 km/h schaffte die Falconette mit dem 3,6-PS-Motor. Die Tachoskala war da ausgereizt.

Falconette 510

Mitte 1958 war der Verkauf der Nürnberger Werksanlagen an Bosch abgeschlossen und der Firmensitz komplett nach München verlagert worden. Dort hatte Dr. Eitel-Friedrich Mann die Geschäfte schon seit einigen Jahren geleitet, ehe er, am 11. August 1960, mit gerade einmal 49 Jahren völlig überraschend verstarb. Die Präsentation des für das Werk so wichtigen neuen Typenprogramms auf der IFMA im Herbst 1960 erlebte er nicht mehr.

Zu diesem neuen Programm gehörte allen voran die neue Falconette Typ 510, die ihre Optik durch einen neuen Rohr-Druckgussrahmen mit geschlossenem Mittelteil noch weiter in Richtung Motorrad vorantrieb. Und auch das Leistungswettrüsten trieb die neue Münchnerin voran: 4,2 PS, Viergang-Ziehkeilgetriebe und 75 km/h Höchstgeschwindigkeit – das war Ende 1960 Spitze in Deutschland. Der Motor konnte vom Fahrtwind gekühlt werden (Falconette 510-220) oder wahlweise mit einem Kühlgebläse ausgerüstet sein (Falconette 510-270). Bei Letzterem musste der Motor 300 U/min schneller drehen, um die Höchstleistung von 4,2 PS zu erreichen.

Die Falconette Typ 510-220 mit fahrtwindgekühltem Motor.

Zusammen mit den beiden neuen Falconette-Typen erschien die ausschließlich gebläsegekühlte Super-Falconette KS 50 Typ 510-275. Ein serienmäßiger Gepäckträger, das Kniekissen am Tank, die Weißwandreifen, eine 25-Watt-Lichtanlage (statt 15 Watt) und ein etwas

Die Falconette Typ 510-270 besaß eine Gebläsekühlung. Alle 510er Falconette-Modelle waren 75 km/h schnell und hatten dafür einen Viergangmotor, der 4,2 PS leistete.

größerer Scheinwerfer unterschieden das Luxus-Modell für 1095 Mark von den anderen beiden 510er Typen, die 978 bzw. 1035 Mark kosteten und die im Nachhinein ebenfalls die Zusatzbezeichnung »KS 50« erhielten.

Der GS-Ableger

Im vorangegangenen Motorrad-Teil war bereits die GS 75 vorgestellt worden, eine in Kleinserie gebaute Abwandlung der KS 75. Im Prinzip die gleiche Maschine, von der Falconette 510 abgeleitet, gab es auch in der Schnapsglasklasse. Während der Motor nahezu unverändert aus der Großserie entnommen worden war, wies das Fahrwerk doch einige Änderungen auf. Neben den Rädern in Geländegröße und mit Stollenreifen bestückt, stachen die ölgedämpfte Teleskopgabel und die Hinterradschwinge mit je einem hydraulisch gedämpften Federbein heraus. Eine 45-Watt-Lichtanlage sorgte für sehr stabile Verhältnisse bei der Stromversorgung. Wettbewerbstauglich war die Maschine trotzdem nur bedingt, aber für Tuningexperten war da noch viel Luft nach oben.

Die Falconette-Typen im Überblick

Falconette 425	**1957-1959**	**7797 Stück**
1-Zyl.-2-Takt	49 cm^3	2,3 PS / 6400 U/min
Falconette 435	**1959-1960**	**12.930 Stück**
1-Zyl.-2-Takt	49 cm^3	3,6 PS / 5650 U/min
Falconette 437-220	**1960**	**k. A.**
1-Zyl.-2-Takt	49 cm^3	3,6 PS / 5650 U/min
Falconette 510	**1960-1962**	**59.846 Stück**
1-Zyl.-2-Takt	49 cm^3	4,2 PS / 6500/6800/7200 U/min
GS 50 Typ 510-224	**1960-1963**	**k. A.**
1-Zyl.-2-Takt	49 cm^3	4,2 PS / 7000 U/min

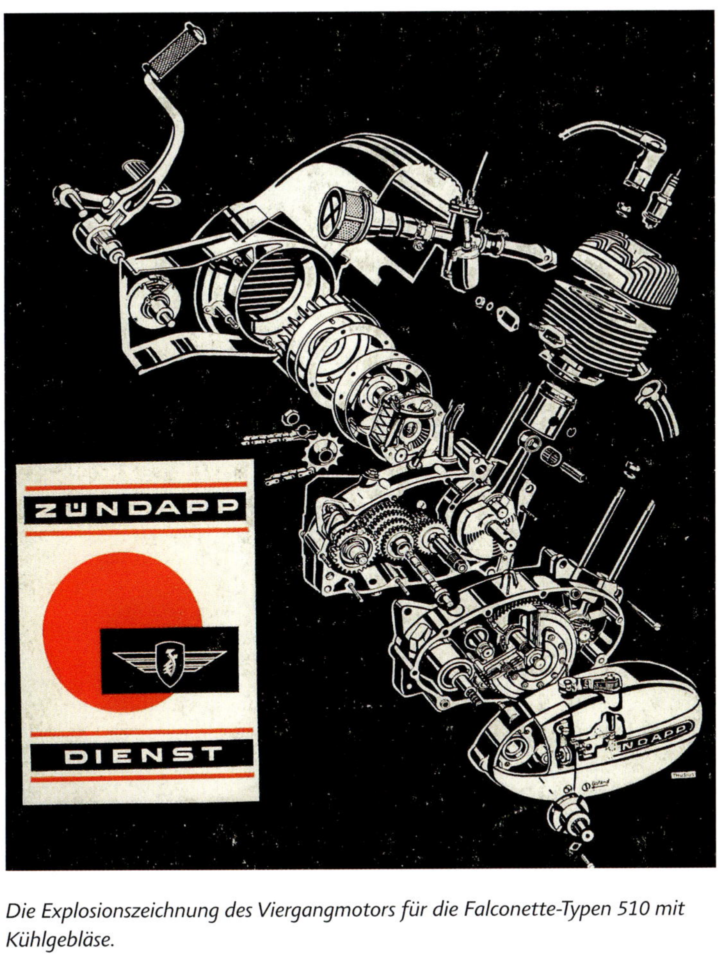

Die Explosionszeichnung des Viergangmotors für die Falconette-Typen 510 mit Kühlgebläse.

Die Super Falconette war ab Ende 1960 das Nonplusultra im deutschen Kleinkraftradbau.

Zündapp war in den kleinen Geländesport-Klassen äußerst erfolgreich. Grund genug für die Münchner, auch eine käufliche Version der GS 50 anzubieten.

Sport-Combinette 437-100

Spätestens ab 1960 setzte Zündapp bei seinen Fünfzigern das Baukastensystem konsequent um. Und dabei entstand mit der Sport-Combinette eine neue Mokick-Typenreihe, die optisch den Falconette-Typen entsprach.

Den Anfang machte die von der Falconette 437-220 abgeleitete Sport-Combinette mit dem horizontal angeordneten 12,5-Liter-»Sport-Tank«. Wie bei der Falconette handelte es sich auch hier um ein Übergangsmodell mit dem Durchstiegsrahmen. Anders als beim Kleinkraftrad hatte das Mokick ein ausschließlich handgeschaltetes Dreiganggetriebe, der Motor leistete 2,6 PS, die Geschwindigkeit war auf 40 km/h reduziert.

Kleinserienfertigung der Geländesportler GS 50 und GS 75 auf dem Zündapp-Montageband.

Super-Sport-Combinette 510

Analog zur Falconette 510 brachte Zündapp zum Jahresende 1960 die Sport-Combinette 510 mit dem neuen, geschlossenen Rahmen und der Zusatzbezeichnung »Super« heraus. Als Typ 510-120 war das Sport-Mokick mit dem fahrtwindgekühlten 2,6-PS-Motor unterwegs, wenig später ergänzt vom Typ 510-171 mit Gebläsekühlung. Das Dreiganggetriebe konnte jetzt auch am Mokick mit dem Fuß geschaltet werden.

In Metallicblau oder Derbyrot zu haben, dazu die zweifarbige Sitzbank, die 18-Watt-Lichtanlage und der 115-mm-Scheinwerfer – die Super-Sport-Combinette 510 sah sehr ansprechend aus und wurde ein großer Erfolg: Bis 1962 verkaufte Zündapp fast 60.000 Stück davon.

Sport-Combinette 515

Während Zündapp seinen Kleinkrafträdern nach 1962 den Namen »Falconette« strich und die Maschinen nur noch schlicht »KS 50« nannte, behielten die Werbestrategen bei den Mokicks den Namen » Sport-Combinette« noch bis 1965 bei. Technisch indes lehnte diese sich ab Ende 1962 an die KS 50 an, was im Wesentlichen die Umstellung von der antiquierten Kurzschwinge auf eine Telegabel bedeutete. Damit war der Motorrad-Look nun auch in dieser Klasse angekommen und Zündapp steuerte auf neue Absatzrekorde zu.

Zur Erinnerung: Im August 1960 hatte der Gesetzgeber zu den bestehenden 50-Kubik-Klassen Kleinkraftrad (Führerscheinklasse 4)

Die Super-Sport-Combinette Typ 510-171 mit Gebläsemotor. Die gleiche Maschine gab es auch wieder mit Fahrtwindkühlung. 938 und 978 Mark kosteten die 510er Mokicks.

Die erste Sport-Combinette mit der Typenbezeichnung 437-100 lehnte sich 1960 an die im gleichen Jahr gebaute Falconette 437-200 an.

Am Ende ihrer Fertigungszeit kam die Sport-Combinette 515 mit je einem hydraulisch gedämpften Federbein für die Hinterradschwinge aus.

und Moped (bisher führerscheinfrei) noch das Moped mit Kickstarter und Fußrasten ins Spiel gebracht (bald Mokick genannt und für ebenfalls 40 km/h zugelassen) und schrieb für beide Mopedtypen ab April 1961 den neuen Führerschein Klasse 5 vor. Das war die Totenglocke für das Moped mit Pedalen, das aber schon wenig später als Mofa 25 neu erfunden wurde. Die meisten Hersteller verabschiedeten sich schrittweise vom Bau klassischer Mopeds und konzentrierten

Kühlgebläse waren bei den 50ern groß in Mode, wollten aber nicht so recht zum übrigen Motorrad-Look der Zündapp-Mokick-Reihe 515 passen.

sich auf Mokicks und Kleinkrafträder. So auch Zündapp, das die Mopedproduktion aber auf Sparflamme weiterleben ließ.

Die neue Sport-Combinette gab es auch weiterhin nur mit einem fußgeschalteten Dreiganggetriebe in Verbindung mit dem 2,6-PS-Motor. Parallel wurden wieder ein fahrtwindgekühlter (515-003) und ein gebläsegekühlter Motor (515-004) angeboten. Ersterer nur bis 1963; der Typ 515-004 blieb bis 1965 im Programm. Wie stets, gab es eine Vielzahl von Abwandlungen, die den verschiedensten Exportmärkten Rechnung trugen.

Die Sport-Combinette-Typen im Überblick

Sport-Combinette 437-100	**1960**	**k. A.**
1-Zyl.-2-Takt	49 cm^3	2,6 PS / 4550 U/min
Super-Sport-Combinette 510	**1960-1962**	**59.846 Stück**
1-Zyl.-2-Takt	49 cm^3	2,6 PS / 4550 (4600 mit Gebläse) U/min
Sport-Combinette 515	**1962-1965**	**115.297 Stück**
1-Zyl.-2-Takt	49 cm^3	2,6 PS / 4550 (4600 mit Gebläse) U/min

Kapitel 13: Die KS 50-Kleinkrafträder 1962 bis 1980

Das Kleinkraftrad spielte in den beginnenden 1960er Jahren im Rahmen der Gesamtmotorisierung in Deutschland West wie Ost eine immer größere Rolle. Ein kleines Motorrad, dessen Fahrleistungen sich auch im Soziusbetrieb im Vergleich zu hubraumstärkeren Modellen sehen lassen konnten, war der Traum jener Jugendlichen, die nun ins Führerscheinalter kamen. Wohl träumte ein 18jähriger, damals wie heute, eher von einem Auto als von einem Motorrad, doch wer seine motorisierte Karriere mit einem Kleinkraftrad begonnen hatte, der war viel eher bereit (vorausgesetzt, das Motorradfahren hatte ihm Spaß gemacht), den Führerschein Klasse 1 zu erwerben und sich ein Motorrad zuzulegen. Nicht zuletzt deswegen konzentrierten sich die deutschen Motorradbauer wie auch Zündapp ganz besonders intensiv auf die Kleinkraftrad-Klasse.

Zunächst ging die Rechnung auch voll auf: Immer mehr »Halbstarke« interessierten sich für die »heißen Öfen«; die Leistung der kleinen 50 cm^3 Motoren stieg im Laufe der Jahre immer weiter. Die Hubraumleistung dieser Motoren betrug zuletzt gute 125 PS/Liter, ein Wert, den heutige Autos auch mit Turboaufladung nicht ohne weiteres erreichen.

Mitte der siebziger Jahre begann auf dem deutschen Kleinkraftradmarkt ein Schrumpfungsprozess. Wurden in Deutschland im Jahre 1973 noch genauso viele Kleinkrafträder wie größere Motorräder aller Klassen zugelassen, änderte sich das Verhältnis in den Folgejahren deutlich zu Gunsten echter Motorräder. 1973 wurden in Westdeutschland rund 55.000 Kleinkrafträder hergestellt und knapp 40.000 hierzulande zugelassen, doch am 1.Januar 1975 waren in der Bundesrepublik 208.000 Kleinkrafträder registriert. Gegenüber dem Vorjahr hatte sich der Bestand um lediglich 6000 Exemplare erhöhte. Gründe gab es genug. Da war die 1976 eingeführte Helmpflicht, deren Nichtbeachtung aber noch auf Jahre hinaus nicht geahndet wurde. Da waren die wahnwitzigen Haftpflicht-Versicherungsprämien, die sich in den Jahren 1976/77 um die 700 D-Mark bewegten. Und da waren die Preise für die Maschinen selbst, die inzwischen die 3000-Mark-Grenze überschritten. Dafür gab es auch eine wunderschöne Honda CB 200 mit Zweizylinder-Viertaktmotor oder eine Yamaha RD 200. Und die Japaner konnten auch preiswerte, aber nicht billige 50er bauen. Die bedrängten die deutschen Hersteller ebenso wie etwa die immer stärker werdende Marke KTM aus Österreich.

KS 50 Super als Typ 515-002 mit Gebläsekühlung. An der Trennung von Dämpfer und Feder für das Hinterrad hielt man vorerst noch fest.

KS50 SUPER

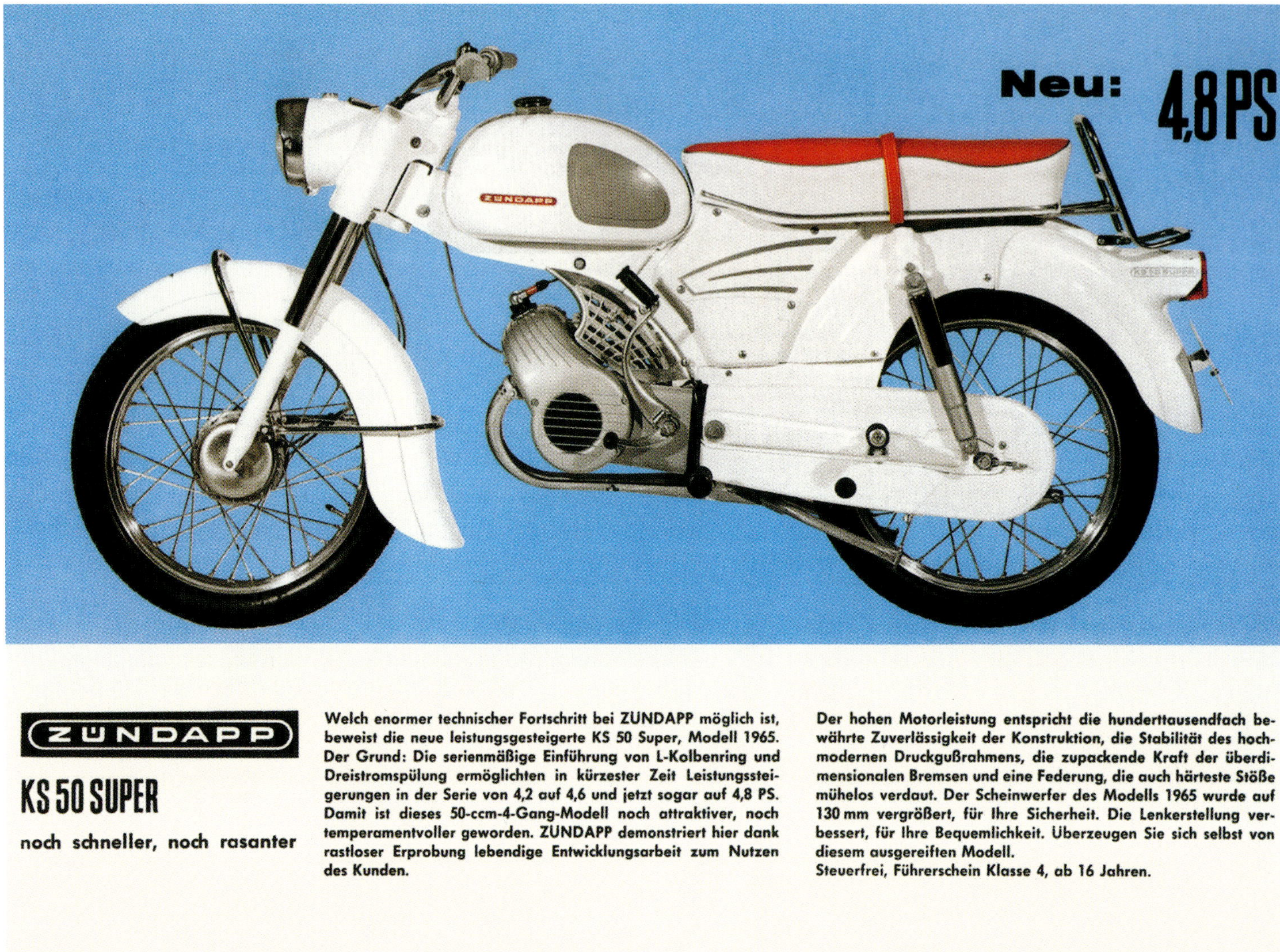

Ab Juli 1964 hatten die Ingenieure die Leistung des kleinen Zweitakters auf 4,8 PS erhöht. Eine größere Lampe und das einzelne Federbein auf jeder Seite kennzeichneten den Typ 515-061.

KS 50 Super (Typ 515)

Die Zusatzbezeichnung »KS 50« hatten schon die letzten Falconette-Modelle erhalten und weil Falconette – anders als »Florett« bei Kreidler – zu sehr nach Moped klang, ließen die Marketingleute in München den Namen künftig weg. »KS« stand ursprünglich mal für »Kardan-Sport« und hatte in früheren Zeiten den guten Ruf der Marke begründet. Was dieses Kürzel nun bedeuten sollte – außer einen Imagetransfer zu bewirken – war wohl auch den Werbestrategen nicht ganz klar. Man mochte es letztlich als »Kleinkraftrad-Sport« interpretieren …

Für das Modelljahr 1963, wie immer im Herbst 1962 beginnend, versah Zündapp die Super-Falconette mit einer Telegabel und nannte die Maschine nun nur noch »KS 50 Super«. Den Motor mit 4,2 PS behielten die Konstrukteure ebenso bei wie das Vierganggetriebe und die Trennung von Stoßdämpfer und Federung am Hinterrad. Auch die Wahlmöglichkeit zwischen Fahrtwindkühlung (515-001) und Gebläsekühlung (515-002) blieb dem Kunden erhalten. Letztere hatte den deutlich höheren Marktanteil und kostete inzwischen 1132 D-Mark (1962).

Im ständigen Konkurrenzkampf mit Kreidler und Hercules erhöhte Zündapp die Leistung der KS 50 Super 1964 auf 4,8 PS. Die interne Typenbezeichnung lautete nun »515-061«. Eine fahrtwindgekühlte Variante gab es hiervon nun nicht mehr, Dämpfer und Federn am Hinterrad waren jetzt in je einer Hülse vereint. Der Durchmesser des Scheinwerfers wuchs auf 130 mm.

KS 50 Super SL, KS 50 Sport (Typ 516)

Und weiter ging es im Wettrüsten. Auf der IFMA 1964 präsentierte Zündapp die neue KS 50 Super SL, deren nur noch gebläsegekühlter Motor jetzt 5,2 PS leistete. An das Hinterrad wurde diese Leistung nun mit einem Fünfganggetriebe weitergegeben, das aber immer noch ziehkeilgeschaltet war und damit lange Schaltwege aufwies. Optisch war die 516-001 kaum von der 516-061 zu unterscheiden, kostete aber dann mit 1288 D-Mark auch 90 D-Mark mehr, was für die junge Zielgruppe kein Pappenstiel war. Preislich rangierte sie damit im Bereich der parallel dazu gebauten KS 50 Sport, interne Typenbezeichnung 516-03 L0. Im Gegensatz zur SL sollte hier der sportliche Charakter betont werden. »Sportlich« bedeutete hier das Weglassen der Verzicht auf den Gepäckträger und die Hülsen der hinteren Federbeine. Die Lenkerenden hatte man sportlich nach unten gebogen und den Blechbarock am vorderen Schutzblech entfernt. Die Leistungsangabe wurde leicht auf 5,3 PS nach oben korrigiert. Beide 516er Typen wurden nur 1965/66 produziert.

KS 50 Super SL, KS 50 Sport (Typ 517)

In neuem Look erschienen 1966 die beiden Maschinen als »KS 50 Super SL« Typ 517-01 L0 und »KS 50 Sport« Typ 517-06 L0. Die Maschinen hatten ein neues Seitendesign, eine schnittige, hinten etwas hochgezogene Sitzbank und ein gefälligeres hinteres Schutzblech. Die Super SL wies nun auch das knappe Vorderradschutzblech auf. Im Unterschied zur Sport gab es hier wieder einen Tourenlenker, einen Gepäckträger und geschlossene Federbeine. Außerdem hielt

Mit der KS 50 Super kamen auch neue Farben. Sehr markant hierbei das Carreraweiß, zu dem die rote Sitzbankdecke gut harmonierte.

Bei den 516er KS-Typen teilte Zündapp die Modelle in Super SL, eine Art Luxus-Tourenmaschine …

man bei der Super SL noch am Kühlgebläse fest, die Vergaserabdeckung war dem sportlicheren Aussehen angepasst worden. Bei der KS 50 Sport warb Zündapp mit dem neuen Fächerzylinderkopf, der im Motoradbau gerade wieder seine Renaissance feierte. 1967 feierte Zündapp mit 1200 Mitarbeitern sein fünfzigjähriges Firmenjubiläum. Die Jahresproduktion lag bei 150.000 motorisierten Zweirädern. Etwa 10 Prozent davon machten die Kleinkrafträder aus, Tendenz steigend. Rechtzeitig zum Jubiläum stellte Zündapp neue Modelle der Typenreihe 517 vor. Allen gemein war der große, verchromte 13,5-Liter-Tank, in der Motorradszene »Büffeltank« genannt, wie man ihn ähnlich zuvor schon bei Hercules und der Zweirad Union gesehen hatte. Dazu kamen 150-mm-Trommelbremsen vorn und hinten. Die Standardversion hieß jetzt einfach »KS 50«, wurde intern 517-06 L7 genannt und hatte den Tourenlenker und die geschlossenen Federbeine. Der Heckbürzel der Sitzbank war nicht ganz so markant ausgebildet wie bei der ebenfalls erneuerten »KS 50 Sport« (517-20 L5), die außerdem wieder mit offenen Federbeinen und flachem Lenker auf sich aufmerksam machte. 1318 D-Mark kostete die KS 50, 70 D-Mark mehr wurden für die Sportversion verlangt. Und noch einmal 85 D-Mark musste drauflegen, wer die neue »KS 50 Super Sport« haben wollte. Dafür gab erhielt der Käufer nun noch eine rote Sitzbank, ver-

… und Sport ein. Letztere vor allem am schmalen Schutzblech und den offenen Federbeinen erkennbar.

Zumindest 1966/67 galt die gleiche Einteilung der neuen Typenreihe 517 wie bei den Vorgängermodellen. Dabei war die KS 50 Super SL das letzte Zündapp-Kleinkraftrad mit einem gebläsegekühlten Motor.

Das Modelljahr 1968 war bei den Zündapp Kleinkrafträdern durch den neuen »Büffeltank« gekennzeichnet. Die KS 50 war das Basismodell.

chromte Kotflügel und ein neues Rücklicht. Aber das Hauptmerkmal der intern 517-20 genannten Maschine war der hochgezogene Auspuff, der für 10 D-Mark weniger auch normal (also unten) verlegt werden konnte. Bis 1970 blieben die 517er Typen so im Programm und wurden in 55.000 Exemplaren produziert. Die Super Sport hatte da schon seit 1969 einen neuen Tank, der sich gut in das Gesamtdesign der Maschine einfügte und auch bei den weiteren Entwicklungsstufen eingesetzt wurde.

1971/72 bildete die K 50 Super Sport das einzige Kleinkraftrad im Zündapp-Programm. Es gab sie (Typ 517-20), je nach Auspuffführung als LS oder LR mit jeweils 6,25 PS. Der Fächerzylinderkopf war übrigens schon wieder Geschichte, der neue »Supertherm«-Zylinder sollte für eine optimale Kühlung des bis über 8000 U/min drehenden Motors sorgen. Als Sonderausstattung konnte der Käufer Beinschild, Sturzbügel, Gepäckträger und Packtaschen ordern.

Neben den Mofas und den Mokicks waren die PS-offenen Kleinkrafträder bis 50 cm³ bei jungen Leuten extrem beliebt. Das nutzten Hersteller wie Versicherer gerne aus. Die Preise für die Maschinen bewegten sich zügig in Richtung von 1500 Mark, und die Versicherungsprämien lagen im Bereich eines 350-cm³-Motorrades und überstiegen bei der Teilkasko die Beiträge für eine Halbliter-BMW sogar um mehr als das Doppelte.

Wie gehabt: Die KS 50 Sport 517-06 L5 mit freiliegenden Federn der hinteren Federbeine und dem flachen Lenker.

Das Spitzenmodell der KS 50-Modellreihe war ab 1968 die Super-Sport-Ausführung, die es mit hochgezogenem oder normal verlegtem Auspuff gab.

Fächerzylinder, Büffeltank und hochgezogener Auspuff – Herz eines 16jährigen, was willst Du mehr? Die KS 50 Super Sport war das erfolgreichste Modell der Reihe.

Die KS 50 Super Sport erhielt 1969 einen neuen Tank, der sich wunderbar in das Gesamtdesign der Maschine einpasste.

Die KS 50 Super Sport Typ 517-20 wurde für 1971/72 noch einmal neu aufgelegt, jetzt mit frischen Farben, neuem Zylinder und 6,25 PS.

Die KS-Kleinkrafträder 1962 bis 1972 im Überblick

KS 50 Super 515	**1962-1964**	**37.346 Stück**
1-Zyl.-2-Takt	49 cm³	4,2 PS / 7200 U/min
KS 50 Super SL 516	**1965-1966**	**12.463 Stück (mit Sport)**
1-Zyl.-2-Takt	49 cm³	5,2 PS / 7500 U/min
KS 50 Sport 516	**1965-1966**	**12.463 Stück (mit Super SL)**
1-Zyl.-2-Takt	49 cm³	5,3 PS / 7500 U/min
KS 50 Super SL 517	**1966-1967**	**55.109 Stück (alle 517 mit 5,3 PS)**
1-Zyl.-2-Takt	49 cm³	5,3 PS / 7500 U/min
KS 50 Sport 517-06 L0	**1966-1967**	**55.109 Stück (alle 517 mit 5,3 PS)**
1-Zyl.-2-Takt	49 cm³	5,3 PS / 7500 U/min
KS 50 517-06 L7	**1967-1970**	**55.109 Stück (alle 517 mit 5,3 PS)**
1-Zyl.-2-Takt	49 cm³	5,3 PS / 7500 U/min
KS 50 Sport 517-06 L5	**1967-1970**	**55.109 Stück (alle 517 mit 5,3 PS)**
1-Zyl.-2-Takt	49 cm³	5,3 PS / 7500 U/min
KS 50 Super Sport 517-20	**1967-1970**	**55.109 Stück (alle 517 mit 5,3 PS)**
1-Zyl.-2-Takt	49 cm³	5,3 PS / 7500 U/min
KS 50 Super Sport 517-20 LS / LR	**1971-1972**	**k. A.**
1-Zyl.-2-Takt	49 cm³	6,25 PS / 8400 U/min

Kleinkraftrad-Politik

Zündapp hatte sich an eine inoffizielle Absprache der deutschen Kleinkraftrad-Hersteller gehalten, die 5,6 PS als Leistungsobergrenze vorsahen. Italienische Hersteller scherte das wenig. Schon 1969 gelangten erste Fünfziger mit mehr als 6 PS, geliefert von Garelli und Mondial, auf den deutschen Markt. Der für seine Marken Hercules und DKW (Zweirad Union) sowie für viele europäische Konfektionäre zuständige Motorenlieferant Sachs reagierte mit einem neuen Breitwand-Zweitaktmotor, der 6,25 PS lieferte und schon vor der IFMA 1970 präsentiert wurde. Wundersamer Weise zeigten dann sowohl Zündapp als auch Hauptkonkurrent Kreidler in Köln ebenfalls neue Spitzenmaschinen, die exakt 6,25 PS leisteten. Das entsprach einer Hubraum-Literleistung von 127 PS, die sonst nur die ganz schnellen Straßenrennmaschinen erreichten. Erneut einigten sich die Hersteller, die deutschen sowieso, jetzt aber auch größere internationale Firmen, auf diese 6,25 PS als künftige Leistungsobergrenze ihrer Kleinkrafträder. Und sie waren dazu verdammt, sich daran zu halten, denn immer noch galt der recht einfach zu erwerbende Führerschein Klasse 4 für Kleinkrafträder, der nicht gefährdet werden sollte. Und Endgeschwindigkeiten, die an die 90 km/h heranreichten, ließen die Behörden bereits aufmerken. Der Verlust des Sonderstatus für Kleinkrafträder hätte auch einen immensen Umsatzverlust zur Folge gehabt. Denn um 1970 herum wurden jährlich rund 50.000 Kleinkrafträder in Deutschland zugelassen.

Jetzt mit Wasserkühlung: Die KS 50 »water-cooled«

Zündapp steigerte die Leistung auf 6,25 PS unter anderem durch eine höhere Verdichtung von 1:9 auf 1:11 und einen neuen Vergaser. Der neue Supertherm-Zylinder mit zusätzlichen Dämpferelementen zwischen den Kühlrippen sorgte für thermische Sicherheit und sollte die Geräusche ein wenig dämpfen. Das war durchaus notwendig, denn nicht umsonst sprach man bei den 50ern inzwischen von »kreischenden Zwiebacksägen«. Geräuschminderung war auch die offizielle Begründung von Zündapp, im Herbst 1972 die KS 50 mit Wasserkühlung vorzustellen. Die Thermosiphon-Umlaufkühlung kam ohne Wasserpumpe aus und wurde 1973 serienmäßig in der »KS 50 water-cooled« verbaut. Die interne Typenbezeichnung 517-50 verwies auf das immer noch grundlegend gleiche Fahrgestell von 1967, das jetzt aber einen doppelten Unterzug erhalten hatte. Außerdem war die

Mit der ab 1973 in Serie produzierten KS 50 water-cooled war Zündapp Vorreiter im Segment der wassergekühlten Fünfziger.

Beim Typ 517-50 L0 blieben Zylinder und Zylinderkopf nur im ersten Jahr glatt. Der Wasserkühler war klassisch zwischen den neuen Unterzügen angebracht.

Für das Modelljahr 1974 erhielten der Zylinderdeckel angedeutete Kühlrippen und der Lenker neue Armaturen. Die Bezeichnung war jetzt 517-50 LA.

Neue Farben, ein neues Design der seitlichen Anbauteile, Kühlrippen am Zylinder und die Faltenbälge an der Telegabel führten für die KS 50 water-cooled 1975 zur Typenbezeichnung 517-52.

Maschine mit einer Elektronikzündung und einem »Cockpit« mit Tacho und Drehzahlmesser ausgestattet. Die 2198 D-Mark, die Zündapp jetzt für sein Spitzenprodukt aufrief, störte die Kundschaft wenig. Man war dem Wettbewerb einen Schritt voraus und noch befanden sich die Kleinkrafträder im Aufwind.

Die KS 50 water-cooled erlebte einige Modellpflegemaßnahmen, so verlieh man dem Zylinderkopf 1974 kleine Kühlrippen und gestaltete die Cockpitarmaturen etwas gefälliger. Für 1975 – jetzt als Typ 517-52 – erhielt auch der Zylinder feine Kühlrippen, die Telegabel Faltenbälge und die Anbauteile ein neues Design.

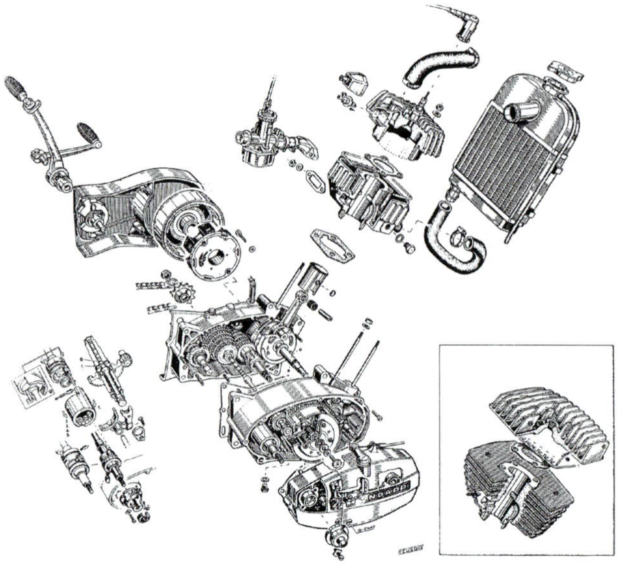

Der KS 50-Motor mit Fünfganggetriebe, 6,25 PS und Wasserkühlung. Oder fahrtwindgekühlt mit dem »Supertherm«-Zylinder.

Weiterhin nur mit Luftkühlung: KS 50 Cross und Super Sport

In der Hochphase des Kleinkraftrad-Marktes musste Zündapp, neben dem teuren wassergekühlten Modell, weitere Typen auf den Markt bringen, um auch weniger solventen Kunden die Möglichkeit

Die KS 50 Super Sport im Zündapp-Programm von 1973.

So sah die letzte Zündapp KS 50 Super Sport der Typenreihe 517 im Jahre 1975 aus.

zu bieten, eine Zündapp KS zu fahren. Das ging nur unter Verzicht auf den geräuschdämmenden Wassermantel. So entstand ab 1973 die KS 50 Cross mit der Typenbezeichnung 517-51 L0. Mit 1938 Mark blieb die Maschine mit hohem Lenker und hochgezogenem Auspuff knapp unter der 2000-Mark-Schallmauer. Für das Modelljahr 1975 unter anderem mit Rahmenunterzügen, neuem Seitendesign und neuem Cockpit ausgestattet, überschritt die Maschine diese Grenze dann aber deutlich. Das galt auch für die 1973 wieder eingeführte KS 50 »Super Sport«. Eine schöne Maschine, allerdings ohne große Auffälligkeiten, sieht man von der neben dem Grün ab 1975 auch noch lieferbaren Farbe »Syringarot-metallic« ab. Die Maschine durchlebte die gleichen Änderungen, wie die Cross- und water-cooled-Modelle, das hieß für 1975 Änderungen am Design und an der technischen Ausstattung.

Die KS-Typenreihe 530

Im Herbst 1976 präsentierte Zündapp eine weiterentwickelte Kleinkraftrad-Generation, die zunächst aus vier Modellen bestand. Allen

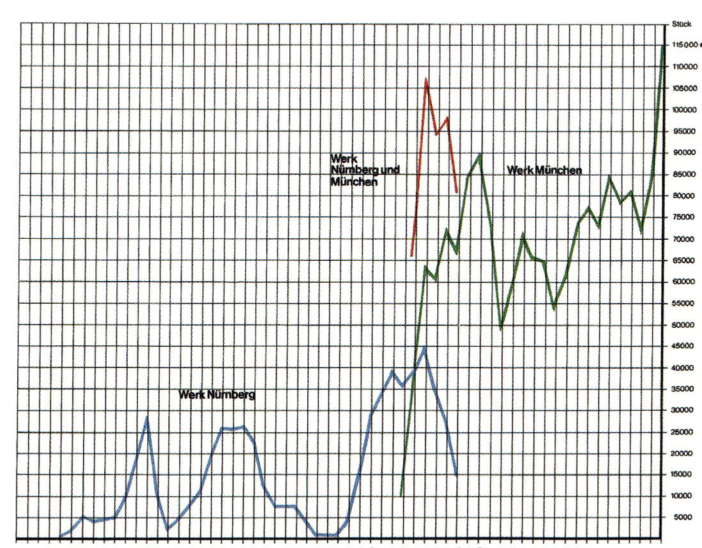

1977, im sechzigsten Jahr der Zündapp-Werke, war die Produktionskurve noch steil nach oben zeigend. Der Verkauf der Kleinkrafträder stagnierte zu diesem Zeitpunkt aber bereits.

Die KS 50 Cross, 1973 als Typ 517-51 L0 eingeführt, konnte die Erwartungen des Vertriebs in München nicht erfüllen.

Für das Modelljahr 1975 wurde die KS 50 Cross noch einmal optisch wie technisch aufgewertet.

gemein war ein neuer Rahmen, der aber immer noch ein Kombination aus Rohr und Druckgussteilen darstellte, ein neuer, verchromter Tank, neue Seitendeckel, ein Cockpit mit Tacho und Drehzahlmesser sowie - ausstattungsabhängig – moderne Gussfelgen. Die Motor- und Getriebedaten blieben gegenüber dem Typ 517 unverändert.

Als Einstiegsmodell fungierte die KS 50 Sport, Typ 530-510 (die Gussfelgen hier als optionales Extra) mit fahrtwindgekühltem Motor. Die Ausstattung war einfach, eine Blinkanlage fehlte. Trotzdem rief Zündapp dafür 2600 D-Mark auf, das war zu teuer, die Sport blieb ein Ladenhüter. Sie fiel 1978 wieder aus dem Programm. Die 3000-Mark-Schallmauer riss dann 1977 die neue KS 50 Super Sport, Typ 530-50, wenn auch nur knapp. Dafür gab es unter anderem zwei Spiegel, einen Gepäckträger, eine Vierleuchten-Blinkanlage und eine 220 mm messende Scheibenbremse am Vorderrad. Auch hier sorgte der fahrtwindgekühlte Motor für Vortrieb.

Im Kleinkraftrad-Programm bildete die KS 50 Sport ab 1977 das Einstiegsmodell der 530er Typenreihe.

Mit Scheibenbremse und Vierleuchten-Blinkanlage: Die KS 50 Super Sport der Jahre 1977/78.

Natürlich gab es die neue Typenreihe auch mit Wasserkühlung. Die KS 50 watercooled (Typ 530-010) war das Pendant zur Super Sport (530-50) und kostete 3198 Mark. Für weitere 100 Mark mehr bekam der jugendliche Interessent – und nur den interessierte diese Maschine – die KS 50 watercooled »tt«, Typenbezeichnung 530-11. Hier gehörten eine Cockpitverkleidung und eine Sitzbank mit Heckspoiler zur Serienausstattung. Obwohl am teuersten, avancierte diese Maschine zum meistverkauften Zündapp-Kleinkraftrad der Jahre 1977/78.

Die letzten Kleinkrafträder

Eine Cockpitverkleidung und der Heckspoiler an der Sitzbank waren inzwischen Pflicht, wollte man noch irgendwie im schrumpfenden Kleinkraftrad-Markt bestehen. So nahm Zündapp die unverkleideten Maschinen aus dem Programm und brachte 1978 eine luftgekühlte Super Sport tt mit unveränderter Typennummer. Im verzweifelten Kampf um Marktanteile im in Windeseile zusammenbrechenden Markt der Kleinkrafträder wurde dann auch noch die Leistung auf 6,8 PS erhöht, ohne damit die Absatzzahlen stabilisieren zu können.

Die nackte, wassergekühlte KS 50 der Typenreihe 530 blieb nur 1977 im Zündapp-Programm.

Die KS 50 watercooled tt war die bisher teuerste 50er im Zündapp-Programm. Für 3.300 Mark bekam man 1977 auch ein richtiges Motorrad.

Trotz des hohen Preises war die KS 50 watercooled tt das beliebteste Kleinkraftrad im Zündapp-Programm.

Das gelang auch nicht mit der Luxus-Fünfziger, der »watercooled tt«, die 1979 noch einmal optisch und technisch aufgewertet wurde. Da sich inzwischen niemand mehr um die 6,25-PS-Vereinbarung scherte, hatte der optisch und technisch überarbeitete und schwarz lackierte Motor 6,8 PS und wurde für das letzte Jahr 1980 sogar auf 7,5 PS gebracht. Neben den neuen Farben »Stratosilber« und »Goldorange« war diese letzte KS 50 am wuchtigen Zylinder und dem viereckigen Scheinwerfer vom Vorgängermodell zu unterscheiden.

Die KS-Kleinkrafträder 1973-1980 im Überblick

KS 50 water-cooled 517	**1973-1976**	
1-Zyl.-2-Takt	49 cm³	6,25 PS / 8400 U/min
KS 50 Cross 517-51	**1973-1976**	
1-Zyl.-2-Takt	49 cm³	6,25 PS / 8400 U/min
KS 50 Super Sport 517	**1973-1976**	
1-Zyl.-2-Takt	49 cm³	6,25 PS / 8400 U/min
KS 50 Sport 530-510	**1977-1978**	
1-Zyl.-2-Takt	49 cm³	6,25 PS / 8400 U/min
KS 50 Super Sport 530-50	**1977-1978**	
1-Zyl.-2-Takt	49 cm³	6,25 PS / 8400 U/min
KS 50 watercooled 530-10	**1977**	
1-Zyl.-2-Takt	49 cm³	6,25 PS / 8400 U/min
KS 50 watercooled tt 530-11	**1977-1978**	
1-Zyl.-2-Takt	49 cm³	6,25 PS / 8400 U/min
KS 50 Super Sport tt 530-50	**1978-1980**	
1-Zyl.-2-Takt	49 cm³	6,25 (6,8) PS / 8400 (8800) U/min
KS 50 watercooled tt 530-12 /14	**1979-1980**	
1-Zyl.-2-Takt	49 cm³	6,8 (7,5) PS / 8800 (8600) U/min

Modelle für die Nische: GS 50, RS 50 und RS 50 Super

Im Motorrad-Kapitel war bereits über die in Kleinserie gefertigten GS- und MC-Maschinen berichtet worden. Die Jahrzehnte anhaltende Dominanz von Zündapp in der kleinsten Geländesport-Klasse ließ es sinnvoll

1978 wertete Zündapp die Super Sport als tt-Variante noch mit Cockpitverkleidung und Heckbürzel auf.

erscheinen, auch eine käufliche 50er GS anzubieten. Nicht zuletzt, um mit diesen Maschinen in der Hand von Privatfahrern Starterfelder aufzufüllen. In der Geländesport-Szene kam es nämlich nicht selten vor, dass auf Grund mangelnder Teilnahme 50-cm^3-Läufe abgesagt werden mussten.

Die ab 1966 angebotenen Maschinen lehnten sich an die Werksrenner an, was unter anderem einen Rohrrahmen und eine Telegabel mit 160 mm Federweg bedeutete. Der Motor mit Leichtmetall-Breitwandzylinder und Fächerkopf leistete hier bereits 6,25 PS bei 7500 U/min.

Ebenfalls ein Nischendasein fristete die RS 50. Kaum war der letzte Bella-Roller in München vom Band gerollt, legte Zündapp im Frühjahr 1964 den neuen Mokick-Roller R 50 auf Band (siehe auch nächstes Kapitel). Gleichzeitig erschien der Roller auch in der Kleinkraftrad-Variante mit 4,6-PS-Motor und handgeschaltetem Vierganggetriebe als Typ 561-004. 1358 D-Mark kostete der 65 km/h schnelle Roller im

Die letzte Kleinkraftrad-Schöpfung von Zündapp mit Rechteckscheinwerfer und geschwärztem Motor: KS 50 watercooled tt von 1979/80.

ersten Jahr. An einem verwindungssteifen Rohrrahmen mit Druckguss-Mittelstück hingen vorn eine Kurzschwinge und hinten eine Schwinge mit zwei hydraulisch gedämpften Federbeinen. 1965 waren die Konstrukteure dann soweit, den Roller auch mit Fußschaltung und der Zusatzbezeichnung »Super« anbieten zu können, ohne dass das den Absatz merklich beflügelt hätte: 1966 nahm man das handgeschaltete Modell nach gut 4000 gebauten Exemplaren schon wieder aus dem Programm, ließ den Super-Roller aber bis 1979 im Programm. Kein anderes Zündapp-Fahrzeug konnte sich einer so langen Bauzeit erfreuen. Als Mokick war der Kleinroller sogar bis 1984 zu haben.

Die RS-Kleinkraftroller im Überblick

RS 50 561-04	1964-1966	4059 Stück
1-Zyl.-2-Takt	49 cm³	4,6 PS / 7000 U/min
RS 50 Super 561-06	**1965-1979**	**ca. 9500 Stück**
1-Zyl.-2-Takt	49 cm³	4,6 PS / 7000 U/min

Der GS-Motor leistete 6,25 PS und nahm schon spätere Entwicklungen vorweg. Der sonst bei Zündapp übliche Rahmen mit Druckgussteilen war hier durch einen reinen Rohrrahmen ersetzt worden.

Für den Geländesport-Nachwuchs und gestandene GS-Tuner bot Zündapp 1966 die GS 50 in einer Kleinserie an.

Durchaus modern war der neue Zündapp-Roller RS 50 im Jahr 1964 gezeichnet. Am Ende seiner Bauzeit war das Design eher nostalgisch zu nennen.

Mit frischen Farben hielt Zündapp den RS 50 Super bis 1979 am Leben.

Kapitel 14: Mofas, Mopeds & Mokicks

Mit der Geburt des Mopeds war dessen Schöpfern ein genialer Schachzug gelungen. Weder vorher noch danach hat es in der Geschichte des Kraftfahrzeugbaus eine Fahrzeuggattung geschafft, innerhalb weniger Jahre ein solches Millionenpublikum zu gewinnen. Und kaum ein Motorfahrzeug hat in kürzester Zeit so rasante Entwicklungssprünge gemacht wie das Moped. Doch genau diese wurden dann auch zu seinem Problem. Denn aus dem einfachen, anfangs noch sehr fahrradähnlichen Einpersonen-Transportmittel entwickelte sich ein Motorzweirad mit leistungsgesteigerten Motoren, Mehrgang-Getrieben, kleineren Rädern, verbesserten Federungen, Doppelsitzbänken und gefälligerem Motorrad-Design. Es entfernte sich immer weiter weg von der Grundidee des einfachen, aber günstigen Transportmittels für alle. Zu Beginn der sechziger Jahre war das klassische Moped nahezu ausgestorben und damit der preiswerte Einstieg in die Motorisierung, wie ihn seine Protagonisten zehn Jahre zuvor angestrebt hatten. Doch auch wenn es keine einfachen Mopeds mehr gab: Die Kundschaft dafür, jenseits der jugendlichen Mokick- und Kleinkraftradfahrer, gab es aber noch sehr wohl. Daher erfand die Branche das Moped noch einmal neu. Es hieß jetzt allerdings »Mofa«. Und der Staat half kräftig mit.

Den Anfang machte 1961 die Schweiz. Die Regierung von Töff-Land führte eine Regelung ein, wonach Zweiradfahrzeuge mit einer Höchstgeschwindigkeit von 30 km/h und einem Maximalgewicht von 40 kg steuer- und führerscheinfrei ab 14 Jahren gefahren werden durften.

In Deutschland sprach man ab 1965 offiziell vom »Motorfahrrad«, abgekürzt »Mofa«. Diese Bezeichnung hatte es bis in die fünfziger Jahre hinein schon einmal für pedalisierte Kleinmotorräder mit 98er Sachs- oder Ilo-Motor gegeben hatte, daraus hatte sich dann das damalige »Moped« entwickelt. Um jede Verwechslungsgefahr zu bannen, wurde noch der Zusatz »25« der neuen Klassenbezeichnung beigefügt, was gleichzeitig die gesetzlich festgelegte Höchstgeschwindigkeit definierte. Ein Hubraum von maximal 50 cm^3 war natürlich ebenfalls obligatorisch. Ein solches Fahrzeug durfte in Deutschland jetzt wieder ab 15 Jahren und ohne Führerschein gefahren werden.

Das gleiche Fahrzeug konnte mit der Bezeichnung M 50 und mehr Motorleistung auch als Moped geordert werden.

Das erste Zündapp-Mofa: Typ 434

Um in der neuen Klasse präsent zu sein, brachte Zündapp 1965 ein völlig neues Fahrzeug heraus, das optisch ein wenig an die frühen Combinette-Modelle erinnerte. Obligatorisch beim Typ 434-02 war der Druckguss-Rohrrahmen, an dem eine auf zwei Federbeine gestützte Hinterradschwinge und zwei Kurzschwingen zur Vorderradführung hingen. Ein einfacher Schwingsattel musste genügen. Der Motor leistete 1,5 PS, das Getriebe kam mit zwei handgeschalteten Gängen aus. Das galt auch für das optisch und technisch identische Moped M 50 (434-01), dessen Motor aber 2,5 PS leistete, um lässig die hier mögliche Höchstgeschwindigkeit von 40 km/h zu erreichen. Etwa um 1970 herum erhielt das Moped den Zusatznamen »Bergsteiger«, beide Modelle, Mofa und Moped blieben bis 1977 im Angebot.

Als ab 1965 in Deutschland das Mofa 25 vom Gesetzgeber eingeführt wurde, startete Zündapp mit dem Typ 434-02 in die neue Fahrzeugklasse. (Foto: Saoutchic CC BY-SA 4.0)

Typ 442, 444

Die Entwicklung kam in Deutschland nur langsam in Gang. Einige Hersteller rüsteten ihre immer noch im Angebot verbliebenen Mopeds um, sprich sie drosselten die Motoren und reduzierten gegebenenfalls die Getriebegänge. Erst zum Ende der sechziger Jahre hin erschienen echte Neukonstruktionen. Zündapps neues Mofa erhielt die Typenbezeichnung 442 und wurde in verschiedenen Ausstattungsvarianten als Mofa oder Moped bis 1976 angeboten. Kennzeichen war das völlig neue Rahmenkonzept aus zwei zusammengeschweißten Pressstahlhälften mit integriertem Tank; der fahrtwindgekühlte 1,5-PS-Motor verfügte über ein Eingang-Automatikgetriebe. In der einfachsten Version musste der Mofafahrer auf eine Hinterradfederung verzichten, vorn sorgten ultrakurze Schwingen für einen Hauch an Federungskomfort. Mit dem Modell 442-11 kam dann eine Hinterradschwinge mit zwei Federbeinen dazu. Ab 1971 war der Typ 442-16 mit Telegabel und hochgezogenem Lenker als Topmodell unter den Zündapp-Mofas lieferbar. Beim Typ 442-17 konnte der Käufer zwischen Tankrahmen und einem auf dem Rahmen gesetzten Tank wählen. Die Modelle waren auch als 40-km/h-Mopeds erhältlich, äußerlich oft nur durch den serienmäßigen Spiegel vom Mofa zu unterscheiden.

Die Mofas und Mopeds von Zündapp gehörten zu den teuersten auf dem Markt, was einerseits an der hohen Fertigungstiefe lag, andererseits an der hohen Qualität in jedem Detail. Die gute Qualität, aber auch das sehr engmaschige Händlernetz sorgten für stabile Absatzzahlen, doch um auf Dauer erfolgreich zu sein, waren die 442er-Modelle zu teuer. Daher legte Zündapp mit der Modellreihe 444 ab 1973 eine preiswertere Mofa-Modellreihe auf.

Der Mofa-Typ 442 wurde bis 1976 in verschiedenen Varianten angeboten. Mit hohem Lenker und Telegabel war der Maximalkomfort schon erreicht.

Kern dieser Reihe war der getriebelose Motor mit liegendem Zylinder – ein Novum bei Zündapp. In verschiedenen Ausstattungsvarianten, etwa im Stil der Bonanza-Räder mit Lehnensitzbank und Highriser Lenker (Typ 444-04), oder allradgefedert mit hohem Lenker (Typ 444-02) oder in der Billigvariante ohne Hinterradfederung (444-31), blieben diese Maschinen bis 1977 im Angebot. Danach verabschiedete sich Zündapp schon wieder vom liegenden Zylinder.

Die Mofas und Mopeds 1965 bis 1976 im Überblick

Mofa 434-02	**1965-1976**	
1-Zyl.-2-Takt	49 cm³	1,5 PS / 3300 U/min
M 50 434-01	**1965-1976**	
1-Zyl.-2-Takt	49 cm³	2,5 PS / 4800 U/min
Mofa 442	**1970-1976**	
1-Zyl.-2-Takt	49 cm³	1,5 PS / 3800 U/min
Moped 442	**1970-1976**	
1-Zyl.-2-Takt	49 cm³	2,5 PS / 4900 U/min
Mofa 444	**1973-1977**	
1-Zyl.-2-Takt	49 cm³	1,5 PS / 4200 U/min

Die Modellreihen ZR und ZD: Typ 446, 447

Der Kreis der Benutzer von Mofas und Mopeds war außerordentlich vielschichtig. Demzufolge musste jeder Hersteller, der möglichst für alle Käuferwünsche das Passende im Angebot zur Verfügung haben wollte, eine breitgefächerte Modellpalette bieten.

Um aber konkurrenzfähig zu bleiben, mussten die Fertigung weiter rationalisiert und die Stückzahlen erhöht werden – was die Teilekosten senkte. Das ging nur über eine konsequente Nutzung der Möglichkeiten des Baukastensystems. Überdies sollte schon bei den preiswertesten Fahrzeugen dieser Gruppe bei der Konstruktion besonderer Wert auf Wartungsfreundlichkeit gelegt werden, um anfallende Instandhaltungs- und Instandsetzungsarbeiten zu vereinfachen – was sich für den Besitzer in niedrigen Unterhaltskosten bemerkbar machen würde. Unter diesen Vorgaben ging man bei Zündapp an die Entwicklung der ZR-/ZD-Mofa-Moped-Mokick-Reihe, wobei das »R« für »Rohrrahmen«, das »D« für »Druckgussrahmen« stand. Besonders preisgünstig und extrem wartungsfreundlich waren die Modelle der ZR-Reihe aufgebaut. Diese waren außerdem so ausgelegt, dass ein breites Triebwerksprogramm eingebaut werden konnte, was sowohl den Wünschen der inländischen Käufer als auch denen der Exportkunden gerecht wurde.

1970 tummelten sich schon rund zweieinhalb Millionen Mofas auf deutschen Straßen, Tendenz steigend. Einen hohen Anteil daran hatten Billigfahrzeuge, die aus Osteuropa, aber auch aus Italien oder Frankreich auf den deutschen Markt schwappten und vielfach über Versandhäuser und Warenhausketten (z. B. Neckermann) vertrieben wurden. Die deutschen Fabrikate waren oft doppelt so teuer und dennoch rieben sich Zündapp, Hercules und Co. die Hände ob ihrer stetig steigenden Mofa-Umsätze. Das Mofa war einfach für viele Zielgruppen das ideale Fahrzeug. Manfred Nabinger, Experte für die Kleinmotorisierung in Deutschland beschrieb es in seinem Buch Fahr-

1973 schob Zündapp noch eine Mofa-Modellreihe mit liegendem Zylinder und Eingang-Automatik als Konkurrenz zu den Billigangeboten auf dem deutschen Markt nach. Im Bild der Typ 444-02 L7.

Innerhalb der Typenreihe 442 (im Bild 442-17 L0) unterschieden sich Mofas und Mopeds oft nur durch den Spiegel am Lenker.

radmotoren, Sesselräder und Roller-Raritäten (Verlag Podszun 2006) so: »Ein einfaches Fahrzeug, meist recht schlicht gehalten, zuweilen aber in buntem Pop-Design ein wenig aufgepeppt, das seine Zielgruppen quasi von alleine fand: Jugendliche in der Vor-Autozeit, Frauen ohne Führerschein, Männer mit entzogenem Führerschein, hartnäckige Autoverweigerer meist fortgeschrittenen Alters, Angler, Camper, Wald- und Forstarbeiter.«

Easy-Rider als Zündapp-Mofa: Der Typ 444-04.

Und an diese Klientel richtete sich Zündapp mit den ZR-Modellen. Diese hatten einen stabilen, verwindungssteifen Zentralrohrrahmen, eine Teleskopgabel und eine Federbeinschwinge. Die Betätigung der hinteren Trommelbremse erfolgte per Pedalrücktritt, die der Vorderrad-Trommelbremse vom Lenker-Handhebel aus. Die Kraftübertragung zum Hinterrad erfolgte über eine Kette, wobei gegebenenfalls die Fortbewegung ohne Motorkraft auch mittels des im Getriebegehäuse integrierten Pedalantriebs möglich war. Mofa- wie Moped-Variante waren sowohl mit handgeschaltetem Zweiganggetriebe wie mit fliehkraftbetätigter Eingang-Automatik lieferbar.

Kennzeichen der ZD-Reihe war der bereits seit vielen Jahren in Zündapp-Mopeds und Kleinkrafträdern bewährte Rohr/Druckguss-Verbundrahmen. Anstelle der herkömmlichen Drahtspeichenräder trugen hier filigrane Leichtmetall-Druckguss-Räder viel zum gefälligen Gesamtstyling bei. Auch die Modelle dieser Reihe verfügten über einen Einkettenantrieb und wiesen – als Mofa – den Pedalrücktritt auf. Sowohl bei den Mofa- wie auch den Moped- und Mokick-Versionen fanden Dreigangmotoren Verwendung, beim Mofa und Moped mit Hand-, beim Mokick mit Fußschaltung.

Bleibt anzufügen, dass Zündapp 1979/80 noch das Mofamodell ZB 22 anbot, das auf dem ZR 20 basierte, aber mit einem größeren Scheinwerfer, einer Blinkanlage und einem Bremslicht ausgestattet war. Für dieses »Sicherheitspaket« verlangte Zündapp einen Aufpreis, den aber nur ganz wenige Mofakunden zu zahlen bereit waren.

Das Modell 442-17 in der wahlweise lieferbaren Version mit aufgesetztem Tank. (Foto: Simon Der 442ler)

Das Mofa ZR 10 mit Rohrrahmen und Zweigang-Automatik war ab 1977 der Einstieg in das neue Zündapp-Programm.

Das parallel zum Mofa ZR 10 gebaute Moped ZR 30 lief 40 km/h, hatte dafür 2,5 PS und den gesetzlich vorgeschriebenen Rückspiegel.

Im Gegensatz zur ZR 10 hatte das Mofa ZR 20 ein per Hand zu schaltendes Zweiganggetriebe. Die Motoren waren für die 77er Modelle neu entwickelt worden.

Der Motor der Mofas ZR 20 mit horizontal geteiltem Gehäuse und handgeschaltetem Zweiganggetriebe.

Die ZR- und ZD-Modellreihen 1977 bis 1980 im Überblick

Mofa ZR 10 Typ 447	**1977-1980**	
1-Zyl.-2-Takt	49 cm^3	1,5 PS / 3600 U/min
Moped ZR 30 Typ 447	**1977-1980**	
1-Zyl.-2-Takt	49 cm^3	2,5 PS / 5000 U/min
Mofa ZR 20 Typ 447	**1977-1980**	
1-Zyl.-2-Takt	49 cm^3	1,5 PS / 3600 U/min
Mofa ZD 20 Typ 446	**1977-1980**	
1-Zyl.-2-Takt	49 cm^3	1,5 PS / 3800 U/min
Mokick ZD 40 Typ 446	**1977-1981**	
1-Zyl.-2-Takt	49 cm^3	2,9 PS / 4800 U/min
Mofa ZD 10 Typ 446	**1978-1980**	
1-Zyl.-2-Takt	49 cm^3	1,7 PS / 3800 U/min
Moped ZD 30 Typ 446	**1978-1979**	
1-Zyl.-2-Takt	49 cm^3	3,4 PS / 5200 U/min
Mofa ZD 25 TS Typ 446	**1979-1980**	
1-Zyl.-2-Takt	49 cm^3	1,7 PS / 3800 U/min
Mofa ZD 50 TS Typ 446	**1979-1980**	
1-Zyl.-2-Takt	49 cm^3	1,7 PS / 3800 U/min
Mofa ZB 22 Typ 447-021	**1979-1980**	
1-Zyl.-2-Takt	49 cm^3	1,7 PS / 3800 U/min

Die letzten Modellreihen: Typ 460, 448 und 462

Mitte der siebziger Jahre begannen die Produktionszahlen der Mofas bei den deutschen Herstellern die der Kleinkrafträder und Mokicks deutlich zu überholen. Rund 200.000 der kleinen Maschinen rollten bis 1980 jährlich in der Bundesrepublik von den Montagebändern und sicherten die Existenz von Hercules, Rixe, Zündapp und Co. Dazu kamen ein Dutzend Hersteller aus dem Ausland, wie etwa KTM und Puch aus Österreich, Vespa und Garelli aus Italien und natürlich lockten die Kaufhäuser weiter mit Billigangeboten.

Alles lief also prima, »mofeln« war groß in Mode, bis sich die (Moped-) Geschichte wiederholte und der Gesetzgeber 1979 eine Führerscheinpflicht (er nannte es »Prüfbescheinigung«) für Mofas beschloss und den Zugang zu den einfachen Fahrzeugen für einen nicht geringen Teil der Kundschaft erschwerte. In der Praxis bedeutete dies: Wer vor dem 1. April 1980 15 Jahre alt wurde, durfte ohne die (theoretische) Prüfung Mofa fahren, alle danach Geborenen mussten die Prüfbescheinigung vorweisen. In der Folge halbierten sich 1981 die Produktionszahlen und bis Mitte des Jahrzehnts sank die Zahl der in Deutschland produzierten Mofas auf kaum mehr

Bei den ZD-Typen stand das D für Druckgussrahmen und Dreiganggetriebe. Im Bild das Mofa ZD 20, Typ 446-40.

Als Parallelmodell zum ZD 20 lief das Mokick ZD 40 vom Münchner Montageband. Ein Spiegel, Fußrasten und die Doppelsitzbank waren die sichtbaren Unterschiede.

40.000 Fahrzeuge ab – Zündapp war da nicht mehr dabei, das Unternehmen hatte sich bekanntlich zu der Zeit längst schon vom Zweiradmarkt verabschiedet. Dabei hatten die Münchner 1980 noch einmal versucht, mit einem neuen Mofa-Programm auf Stückzahlen zu kommen.

Mit der Typenbezeichnung 460 gelangte erneut eine Mofa-Variante (460-020) unter der Bezeichnung »ZA 25« oder ein Moped (460-030, »ZA 40«) zu den Händlern. Es handelte sich wieder um eine sehr einfache Konstruktion, die sich im Prinzip am Vorgänger-Modell ZR 10 orientierte, aber ein wenig moderner aussah. Mofa und

Moped waren abermals mit einer Eingang-Automatik ausgerüstet. Darüber angesiedelt waren die Zweigang-Mofas. Die Nachfolge des ZR 20 mit Zweigang-Handschaltung übernahm das Modell ZX 25 (460-010) und ein Jahr später, 1981, kam das Modell ZL 25 hinzu, unter anderem mit neuem Heckabschluss und einem zu dieser Zeit unbedingt notwendigen »Cockpit«.

Als Ersatz für das Modell »Bergsteiger« brachte Zündapp 1978 die Modelle ZD 10 (Mofa, Typ 446-211) und ZD 30 (Moped, Typ 446-200) mit Zweigang-Handschaltung heraus. (Foto: Streetjump)

Als Fortführung der ZD-Sportmofa-Reihe brachte Zündapp 1981 die CS 25 im Kleinkraftrad-Look und mit Dreiganggetriebe heraus. Im Stil dieser Zeit entsprach dieser Typ als Abwandlung des Mokicks CS 50 optisch den gerade aufkommenden Leichtkrafträdern.

Mit welcher Verzweiflung sich Zündapp gegen den schwindenden Mofamarkt stemmte, zeigte 1980 auch das Enduro-Mofa »hai 25« und dessen optisch noch einmal aufgewerteter Nachfolger CX 25 von 1982. Wer brauchte denn eine Enduro-Maschine mit 1,7 PS und 25 km/h? Blieb das »hai 25« schon ein rares Exemplar, wurden vom »CX 25« nur ein paar Hände voll verkauft – heute echte Raritäten.

Auch das Luxus-Mofa ZS 25 von 1982 mit kleiner Sitzbank, viel Chrom, freiliegenden Federbeinen und Dreiganggetriebe kam nicht auf Stückzahlen. Mit der Bezeichnung »ZE 40« wurde die Maschine auch als Mokick angeboten, ohne dass das am Erfolg etwas geändert hätte.

1983 folgte dann der Versuch, mit einem günstigen Mofa ohne Chrom und ohne »Cockpit« gegen die billigen Modelle aus Japan, Italien oder den deutschen Kaufhäusern anzutreten. »A 25« und »X 25« hieß das Duo, das sich durch Eingang-Automatik oder Zweigang-Handschaltung unterschied.

Die letzten Zündapp-Mofas gelangten dann schließlich 1984 als »Star 1« und »Star 2« in den Handel. Sie kamen nur auf äußerst geringe Stückzahlen.

Zum Ende der 70er Jahre hin kamen sogenannte Sportmofas in Mode, deren Design sich in Richtung Kleinkrafträder orientierte. Zündapp bot dazu 1979 die aus den ZD-Modellen weiterentwickelten Typen ZD 25 TS … (Foto: TS Basti)

… und ZD 50 TS an. Letzteres unter anderem mit komplett geschlossenem Rahmenunterbau, hohem Lenker, offenen Federbeinen und Gepäckträger. (Foto: Brandy-911)

Die Zündapp-Mofas 1980 bis 1984 im Überblick

Mofa ZA 25 Typ 460-020	1980-1984	
1-Zyl.-2-Takt	49 cm³	1,7 PS / 3800 U/min
Moped ZA 40 Typ 460-030	**1980-1984**	
1-Zyl.-2-Takt	49 cm³	2,5 PS / 5000 U/min
Mofa ZX 25 Typ 460-010	**1980-1984**	
1-Zyl.-2-Takt	49 cm³	1,7 PS / 3800 U/min
Mofa ZL 25 Typ 460-040	**1981-1984**	
1-Zyl.-2-Takt	49 cm³	1,7 PS / 3800 U/min
Mofa CS 25 Typ 448-140	**1981-1984**	
1-Zyl.-2-Takt	49 cm³	1,7 PS / 4000 U/min
Mofa hai 25 Typ 448-150	**1980-1982**	
1-Zyl.-2-Takt	49 cm³	1,7 PS / 4200 U/min
Mofa CX 25 Typ 448-151	**1982-1984**	
1-Zyl.-2-Takt	49 cm³	1,7 PS / 4200 U/min
Mofa ZS 25 Typ 460-050	**1982-1984**	
1-Zyl.-2-Takt	49 cm³	1,7 PS / 3800 U/min
Mokick ZE 40 Typ 460-090	**1982-1984**	
1-Zyl.-2-Takt	49 cm³	2,7 PS / 5200 U/min
Mofa A 25 Typ 460-02 L4	**1983-1984**	
1-Zyl.-2-Takt	49 cm³	1,7 PS / 3800 U/min
Mofa X 25 Typ 460-01 L4	**1983-1984**	
1-Zyl.-2-Takt	49 cm³	1,7 PS / 3800 U/min
Mofa Star 1 Typ 462-020	**1984**	
1-Zyl.-2-Takt	49 cm³	1,7 PS / 3800 U/min
Mofa Star 2 Typ 462-021	**1984**	
1-Zyl.-2-Takt	49 cm³	1,7 PS / 3800 U/min

Die Zündapp C-Mokicks

Die im Unterhalt günstigen 40-km/h-Mokicks erfreuten sich in Deutschland auch in den späten sechziger Jahren noch großer Beliebtheit. In den siebziger Jahren waren die Zündapp-Mokicks dann ausschließlich Ableger der verschiedenen KS 50-Kleinkrafträder. So wie etwa die von 1967 bis 1976 gebaute C 50 Sport, die im Design der KS 50 Sport glich. Anfangs nur mit Gebläsekühlung (Typ 517-02 L5) lieferbar, war ab Ende 1968 auch ein nackter Zylinder (Typ 517-21) im Angebot. Anfangs mit 2,6 PS unterwegs, leisteten die Motoren ab 1969 2,9 PS. Gegenüber den Kleinkrafträdern gab es bei den Mokicks unter anderem keine Fächerzylinderköpfe, keine offenen

Das Rohrrahmen-Mofa ZB 25 mit Vierleuchten-Blinkanlage, großem Scheinwerfer, Bremslicht und reflektierenden Reifen fand 1979/80 nur wenige Käufer.

Zündapp bot weiterhin neben den Mofas auch Mopeds an, obwohl die in Deutschland kaum noch Käufer fanden. Im Export sah das allerdings ganz anders aus.

Das Mofa ZX 25 bildete ab 1980 den Zündapp-Einstieg bei den Zweigang-Mofas. (Foto: Lukas Dorfner)

Ebenfalls mit zwei per Hand zu schaltenden Gängen erschien 1981 das Mofa ZL 25 mit stylischem Design und riesigem Cockpit.

Mit den Modellen ZA 25 (Mofa) und ZA 40 (Moped) startete die Marke Zündapp 1980 in ihr letztes Jahrzehnt.

Die Serie der Sportmofas setzte Zündapp 1981 mit dem Modell CS 25 fort.

Zündapp ließ nichts unversucht, um den Mofa-Absatz in Schwung zu halten. Aber auch das Modell ZS 25 konnte den Absatzeinbruch nicht verhindern. (Foto: FF 1159357 CC BY-SA 4.0)*

Wer brauchte denn so etwas? Das Enduro-Mofa hai 25 war einer von mehreren Versuchen, auf dem Mofa-Markt zu retten, was noch zu retten war.

2,7 PS reichten für 40 km/h aus, mit denen aus dem Mofa ZS 25 das Mokick ZE 40 wurde.

Ohne Chrom und ohne Schnörkel: Mit dem Automatik-Mofa A 25 versuchte sich Zündapp ab 1983 im Billigsegment am Markt zu halten.

Federbeine und keine »Rennlenker«. Das Tankdesign änderte sich entsprechend der Kleinkrafträder; der 13,5 Liter fassende »Büffeltank« wurde 1970 durch den schlankeren 11-Liter-Tank ersetzt.
Eine Ausnahme im Zündapp-Mokick-Programm bildete das Modell C 50 Super (1969-1976), das noch dem alten Mopeddesign mit Pressstahl-Schalenrahmen und Durchstieg verhaftet war. Aber Angler und Schrebergärtner wollten ja auch irgendwie an ihr Ziel kommen und dafür war dieses preiswertere Fahrzeug bestens geeignet.
1977 erschien die C 50 Sport nach einer Überarbeitung im neuen KS-Design: Tank, Seitendeckel, Sitzbank, Rücklicht, Faltenbälge an der Telegabel usw. waren überarbeitet worden. Der Tacho war nicht mehr im Lampentopf integriert. Eine weitere Aufwertung erhielt die Maschine durch Gussfelgen und verchromte Schutzbleche für das Modelljahr 1978. Im Jahr darauf endete die Fertigung der C-Reihe.

Die C-Mokicks 1967 bis 1979 im Überblick

C 50 Sport Typ 517-02 L5	**1967-1976**	
1-Zyl.-2-Takt	49 cm³	2,9 PS / 4800 U/min
C 50 Sport Typ 517-21	**1969-1972**	
1-Zyl.-2-Takt	49 cm³	2,9 PS / 4800 U/min
C 50 Super Typ 441-01 L0	**1969-1976**	
1-Zyl.-2-Takt	49 cm³	2,9 PS / 4800 U/min
C 50 Sport Typ 517-21	**1969-1972**	
1-Zyl.-2-Takt	49 cm³	2,9 PS / 4800 U/min
C 50 Sport Typ 529-010	**1977-1979**	
1-Zyl.-2-Takt	49 cm³	2,9 PS / 5000 U/min

Die Zündapp GTS-Mokicks

Mitte der Siebziger kam das Mokick GTS 50 und war kaum vom Kleinkraftrad KS 50 Super Sport zu unterscheiden. Denn wenn man die C-Reihe als »Touren-Mokick« bezeichnen möchte, so kann man bei den GTS-Modellen von »Sport-Mokicks« sprechen. Das war von Anfang an durch die hinten hochgezogene Sitzbank, die offenen Federn der hinteren Federbeine und die Faltenbälge an der Telegabel gekennzeichnet. Dazu kam in der ersten Ausführung von 1973 (Typ 517-39) noch ein Highriser, der als dritte Lenker-Variante, der wahlweise neben dem normalen Touren- und einem tiefen M-Lenker gewählt werden konnte. Diese Auswahl bot auch das 1974er Modelljahr, Kennung 517-40, die Maschine war wiederum dem aktuellen Design der Kleinkrafträder angepasst. Dazu kam das berühmte »Cockpit« mit Tacho und Drehzahlmesser. Alle GTS-Mokicks hatten ein fußgeschaltetes Vierganggetriebe.
Mitte der siebziger Jahre drehten die Zündapp-Käufer den Spieß um: Die Nachfrage nach den PS-offenen Kleinkrafträder ging mehr und mehr zurück, dagegen gewannen die Mokicks an Attraktivität. Warum, fragte sich der oder die 16-jährige, 3000 Mark für ein Fahrzeug ausgeben und sündteure Prämien in Kauf nehmen, wenn ich zwei Jahre später ein richtiges und schönes japanisches Motorrad zum gleichen Preis kaufen und fahren kann? Da reichte doch erst mal ein erheblich preiswerteres (wenn auch nicht billiges) Mokick, um die Zeit zu überbrücken.
Bei Zündapp führte dieser Trend zu einer komplett überarbeiteten GTS 50, ab 1977 mit Gussfelgen und der gestreckten Linie der KS-Typen. Bis 1980 änderten sich nun jährlich die Typennummern und optischer Kleinkram. Etwas umfangreicher geriet nur die Modellpflege für 1978, als das Mokick mit Rechteckscheinwerfer und Sitzbankspoiler auftauchte.

Sah fast genauso aus wie das Modell A 25, hatte aber zwei per Hand zu schaltende Gänge: Das Mofa X 25 von 1983.

1984 brachte Zündapp ein letztes Mal zwei neue Mofas, beide mit Zweigang-Handschaltung und liegendem Zylinder, auf den Markt: das billig ausgestattete Star 1…

…und das Luxusmofa Star 2, unter anderem mit Chrom, Cockpit, offenen Federn hinten und Faltenbälgen vorn und dem großen Bremslicht.

Aus der Sport-Combinette wurde für das Modelljahr 1968 die einfache Bezeichnung C 50 Sport.

Das Mokick C 50 Sport gab es zunächst nur mit Gebläsekühlung,…

…ab 1969 wahlweise mit Fahrtwindkühlung. 1970 wurde auf schnittigere Tanks umgestellt.

1977 kam die grundlegend überarbeitete C 50 Sport zu den Händlern. Die Motorleistung blieb unverändert, was an der gesetzlich vorgeschriebenen Höchstgeschwindigkeit von 40 km/h lag.

Sah altbacken aus, fand aber viele Jahre lang seine Käufer (zu der die hier abgebildeten Personen eher nicht gehörten): Zündapp C 50 Super.

Mit Gussfelgen und verchromten Schutzblechen erhielt die C 50 Sport für 1978 noch eine letzte Aufwertung.

1980 setzte Zündapp mit dem Modell GTS 50/5, Typ 529-029 noch eins drauf. Eine Cockpitverkleidung musste her, um den Fahrer vor dem enormen Fahrtwind bei 40 km/h zu schützen, und fünf Getriebegänge mussten bei 2,9 PS auch her.

Eine Leistung von 3 PS nannte Zündapp dann für die letzte Mokick-Kreation, die GTS 50 WK, an. »WK« stand für Wasserkühlung, was natürlich völlig unnötig für dieses Fahrzeug war, das aber mit offenem 6,8-PS-Motor als KS 50 WK exportiert wurde. Dazu gab es eine Scheibenbremse am Vorderrad, so dass diese Maschine optisch kaum von den aktuellen Leichtkrafträdern zu unterscheiden war. Das galt inzwischen leider auch für den Preis. Ein Zündapp-Mokick kostete jetzt so viel wie eine schöne 80er aus Japan, lediglich die Versicherungsprämien blieben weiterhin günstiger.

Das Mokick GTS 50 von 1975 mit Cockpit und neuem Design. Die Maschinen durften mit Führerschein 5 ab 16 Jahren gefahren werden.

Die GTS-Mokick-Reihe 1973 bis 1984 im Überblick

GTS 50 Typ 517-39	**1973**	
1-Zyl.-2-Takt	49 cm^3	2,9 PS / 4900 U/min
GTS 50 Typ 517-40	**1974-1976**	
1-Zyl.-2-Takt	49 cm^3	2,9 PS / 4900 U/min
GTS 50 Typ 529-22	**1977**	
1-Zyl.-2-Takt	49 cm^3	2,9 PS / 5000 U/min
GTS 50 Typ 529-23	**1978**	
1-Zyl.-2-Takt	49 cm^3	2,9 PS / 5000 U/min
GTS 50 Typ 529-24	**1978-1979**	
1-Zyl.-2-Takt	49 cm^3	2,9 PS / 5000 U/min
GTS 50 Typ 529-26	**1979-1980**	
1-Zyl.-2-Takt	49 cm^3	2,9 PS / 5000 U/min
GTS 50/5 Typ 529-29	**1980-1983**	
1-Zyl.-2-Takt	49 cm^3	2,9 PS / 5000 U/min
GTS 50 WK Typ 540-180	**1983-1984**	
1-Zyl.-2-Takt	49 cm^3	3 PS / 5000 U/min

GTS 50 von 1977 mit neuer, gestreckter Linie und Gussfelgen.

Zündapp Mockick GTS 50 in der Ausführung von 1973 mit Highriser Lenker.

1978 trumpfte das GTS-Mokick unter anderem mit Rechteckscheinwerfer und Heckspoiler auf.

Mokicks waren schwer angesagt zu Beginn der 80er Jahre, vor allem je mehr sie vortäuschten, mehr als ein 40-km/h-Gefährt zu sein. Fünf Gänge waren da gerade richtig.

Die Zündapp CS-Mokicks

Mokicks waren also im Aufwind, preiswerter in Anschaffung und Unterhaltung, mit dem einfachen und deshalb preiswerteren Führerschein zu fahren und so insgesamt die bessere Alternative, um die Wartezeit zum richtigen Motorrad zu verkürzen. Und die Hersteller taten ja alles, die 40-km/h-Zweiräder genauso aufzumotzen, wie die parallel gebauten Kleinkrafträder. Andererseits wurden die Maschinen, wie oben beschrieben, immer teurer, auch bei Zündapp. Um die Preisspirale zu stoppen, erschien für 1980 eine weitere Mokick-Baureihe. Das Ende 1979 eingeführte Mokick CS 50, Typ 448-013, hatte einen einfachen Zentralrohrrahmen mit angeschraubten Unterzügen, preiswerteren Gussfelgen, weniger Chrom und keinen Drehzahlmesser. Im ersten Modelljahr nackt, erhielt das Mokick Ende 1980 ebenfalls eine Cockpitverkleidung. Offensichtlich ging es bei den Mokicks nicht mehr ohne dieses Feature. Es sei denn, es handelte sich um ein Enduro-Mokick wie das »hai 50«. Dieses Schwestermodell der CS 50 übernahm deren Rahmen, schmückte sich aber mit den üblichen Enduro-Attributen wie 19er Vorderrad, hoch gesetztem Kunststoff-Kotflügel, Geländelenker, kürzerer Sitzbank und hoch verlegtem Auspuff. Die Maschine war von erstklassiger Qualität – wie bei Zündapp üblich – verkaufte sich aber nur schlecht (inzwischen ebenfalls wie bei

Zündapp üblich) und wurde deshalb ohne Nachfolger 1982 vom Markt genommen.

Das Modell CS 50 hingegen erhielt 1983/84 noch einen Nachfolger. Als Typ 448-310 war die Maschine optisch wie technisch an die größere K 80 angelehnt. Optisch waren vor allem die jährlich wechselnden Dekors gemeint, technisch hatte die Maschine jetzt auch ein klauengeschaltetes Vierganggetriebe. Die Maschinen konnten mit oder ohne Lampenverkleidung geordert werden. Was alles nichts mehr half – Zündapp war am Ende.

Die CS-Mokick-Reihe 1980 bis 1984 im Überblick

CS 50 Typ 448-01	**1979-1983**	
1-Zyl.-2-Takt	49 cm³	2,9 PS / 5400 U/min
hai 50 Typ 448-11	**1980-1982**	
1-Zyl.-2-Takt	49 cm³	2,9 PS / 5400 U/min
CS 50 Typ 448-310	**1983-1984**	
1-Zyl.-2-Takt	49 cm³	2,9 PS / 5400 U/min

Zu guter Letzt kam mit dem Modell GTS 50 WK auch noch eine Wasserkühlung zum Einsatz, ein reines Showprogramm, das die Maschinen noch schwerer und teurer werden ließ. (Foto: Jonny GTS)

Das Enduro-Mokick hai 50 war in seiner Klasse zweifellos ein Spitzenprodukt, fand aber kaum Interessenten.

Der Mokick-Roller R 50

Eine Besonderheit im Zündapp-Programm war der Mokick-Roller R 50, der sich bis 1984 durchschlug und so lange durchhielt wie kein anderes Zündapp-Modell. 20 Jahre zuvor war er als Typ 561 mit 2,6 PS für 1298 D-Mark auf den Markt gekommen und gegen Vespa & Co. angetreten. Der Roller in der Mokick-Version war nie ein Bestseller, erfreute aber die Produktplaner durch stets recht konstante Verkaufszahlen. Erst 1978 wurde die Dreigang-Drehgriffschaltung auf Fußschaltung umgestellt. Und so rollte der Roller bis zum Zündapp-Ende aus der Münchner Montagehalle. Den großen, wenige Jahre später einsetzenden Mofa-, Mokick- und Rollerboom erlebte er leider nicht mehr.

Der Mokick-Roller R 50 in der Ausführung von 1973, jetzt mit 2,9 PS, aber immer noch mit handgeschaltetem Dreiganggetriebe.

Mit dem Modell CS 50 begründete Zündapp 1979 eine dritte Mokick-Reihe im eher preiswerteren Segment.

Fußschaltung, gesteppte Sitzbank und kräftige Farben – so wurde der Zündapp-Roller R 50 bis 1984 ausgeliefert.

Kapitel 15: Ein letzes Aufbäumen: Die Leichtkrafträder

Gut gedacht, schlecht gemacht

Die Japaner waren inzwischen längst auch in den lange von deutschen Marken bestimmten Markt unterhalb von 125 cm^3 eingedrungen, denn es bereitete ihnen keine Mühe, ihre in anderen Märkten in großen Stückzahlen laufenden 125er auf die deutschen Bestimmungen anzupassen. So lange die deutschen Kleinkrafträder nicht mehr als 50 Kubik aufwiesen, hatten die japanischen Hersteller darauf verzichtet, passende Fahrzeuge zu entwickeln. Doch das hatte sich nun geändert. Und das es so weit kam, lag auch an Zündapp.

Was war passiert? Um zwei Fliegen mit einer Klappe zu schlagen, schuf der Gesetzgeber mit Wirkung ab dem 1. Januar 1981 die Klasse der Leichtkrafträder. Die durften maximal 80 cm^3 Hubraum haben, 80 km/h schnell sein und maximal 6000 U/min bei Erreichen der Höchstleistung drehen. Letzteres, um den Geräuschpegel der bisherigen 50er Drehorgeln zu reduzieren. Fahren durfte man diese Fahrzeuge ab 16 Jahre, vorausgesetzt, vorher wurde der ab dem 1.April 1980 eingeführte Führerschein 1b erworben. Mit diesen neuen 80ern, die in enger Abstimmung von Gesetzgeber und deutschen Zweiradindustrie entstanden waren, gab es nun die neue Klasse der »Leichtkrafträder«. Diese Hubraumklasse war neu. Sie sollte frischen Wind in die stagnierende Kleinkraftradklasse bringen (zumal auch die Versicherungsprämien im Vergleich zu den 50ern erheblich sanken) und gleichzeitig den verbliebenen deutschen Herstellern ihren Platz in der Nische sichern. Allerdings, wie angedeutet: Da hatten alle Beteiligten die Rechnung ohne die Großen Vier aus Japan gemacht, die schneller auf diesen Zug aufgesprungen waren, als deutschen Behörden und Motorradproduzenten lieb sein konnte. Denn die hatten weltweit jede Menge attraktiver 90er, 100er und 125er, die mit geringem Aufwand modifiziert werden konnten und zu unschlagbaren Preisen über ein dicht gestaffeltes Händlernetz verkauft

Die Zeit der großen Steigerungsraten im internationalen Motorradbau waren Anfang der Achtziger erst einmal vorbei und der Bedarf weitestgehend gedeckt. Die japanischen Hersteller hatten sich darauf nicht rechtzeitig eingestellt und riesige Mengen auf Halde produziert. Diese mussten abgebaut werden, und das ging in den gesättigten Märkten nur über satte Rabatte. Dieser Preisdruck gab den wenigen und überdies teuer produzierenden deutschen Herstellen den Rest: Trotz Einführung der versicherungsgünstigen 17-PS-Klasse im Jahre 1977 konnten sich Zündapp, Maico und Hercules nur mit Mühe in die achtziger Jahre retten. Mit ihren biederen, aber teuren Maschinen konnten sie den vielseitigen Japanern kein Paroli bieten.

Im Design der letzten KS 50, aber jetzt mit 80 Kubik und Schaltwalzen-Getriebe war Zündapp mit der KS 80 sehr pünktlich im neuen Fahrzeugsegment zur Stelle.

werden konnten. Und wenn sie einen Käufer erst einmal gewonnen hatten und beim Käufer die Motorradbegeisterung geweckt war, hatten sie nach Ablauf der zwei Jahre viele passende Motorräder im Angebot, die oft noch weniger kosteten als eine deutsche 80er. Warum also sollte man noch zu den teuren deutschen Zweitaktern greifen?

Zündapp KS 80

Fast 90 km schnell war die letzte KS 50 – eine gute Basis für das neue 80er Modell, dessen Höchstgeschwindigkeit nur 80 km/h sein durfte. Und so sah die neue KS 80 auch fast genauso aus wie die wassergekühlte KS 50, nur der Motor hatte jetzt die Hub-Bohrungsmaße 47 x 46 mm, was einen Hubraum von 78,1 cm^3 ergab. Die Leistung lag bei 8,7 PS, womit eine höhere Geschwindigkeit möglich gewesen wäre.

Für 1981 schob Zündapp noch die KS 80 Touring nach, die auf den gerade in Fahrt kommenden Zug der Softchopper aufspringen sollte.

Eine ganz wichtige Änderung war auch der Wechsel vom häufig kritisierten Ziehkeilgetriebe hin zu einem klauengeschalteten und damit komfortableren Fünfganggetriebe. Gegenüber der KS 50 änderten sich noch die Motoraufhängung und das hintere Schutzblech; Lackierung und Dekor sowieso. Schon im Frühjahr 1980 stand die neue KS 80, Typ 530-050, bei den Händlern, also exakt mit der Einführung des neuen Führerscheins 1b. Andere deutsche Hersteller wie Kreidler verpennten den Zeitpunkt und waren noch schneller am Ende als die Münchner. Zündapp aber hatte dabei von einem Forschungsauftrag des Umweltbundesamtes profitiert, bei dem es um die Geräuschminderung von Kleinkrafträdern ging. 4150 Mark kostete die neue 80er, von der im ersten Jahr aber nur 972 Stück verkauft werden konnten. Die neue Zündapp KS 80 war zweifellos ein Spitzenprodukt, aber eben zu einem Spitzenpreis. Eine wunderschöne Yamaha DT 80 MX war für 2695 Mark zu haben.

Auch bei den 80ern von Zündapp wechselten jährlich die Dekors, wie bei der K 80 von 1983.

Weniger ist mehr: die fahrtwindgekühlte K 80 war 1982 eines der besten Angebote in der 80-Kubik-Klasse auf dem deutschen Markt.

KS 80 Touring

Auf Basis der KS 80 schickte Zündapp im Frühjahr 1981 noch eine sogenannte »Touringvariante« ins 80er Rennen. Wo anders nannte man so etwas »Softchopper«: Stufensitzbank, Seitengepäckträger, breiter Hinterreifen, hoher Lenker und andererseits der Verzicht auf Faltenbälge an der Telegabel. Die etwas schräger gestellten hinteren Federbeine waren dreifach verstellbar. Mit der Lackierung, der gelben Sitzbank und den farblich abgestimmten Gussfelgen machte die Maschine durchaus etwas her. Blieb aber, wie alle deutschen 80er, in der Nachfrage hinter den Erwartungen zurück. Und 4300 Mark waren eine stolze Summe, für weniger gab's bei den Japanern Vorjahres-450er.

Super Technik, super Ausstattung, super Verarbeitung, super hoher Preis: Die Zündapp KS 80 Super konnten sich nur sehr wenige leisten. (Foto: MucKy91)

K 80 (Typ 540-011)

1981 wurden in Deutschland rund 90.000 Leichtkrafträder verkauft. Zündapp verkaufte rund 13.000 Maschinen (Honda brachte 34.600 Einheiten unter's junge Fahrer-Volk, Yamaha setzte 20.000 Stück ab). Die Zündapp-Zahlen deckten zwar die Entwicklungskosten noch nicht ganz ab, schienen aber eine gute Basis zu sein für die Zukunft. Nun musste nur noch ein preiswerteres Modell her, um mit der ausländischen Konkurrenz mithalten zu können. Das hieß K 80 und gelangte ab März 1982 in den Handel. Der Motor war nun fahrtwindgekühlt; die spezielle Anordnung der Kühlrippen (ähnlich den »Stachelrippenzylindern« der 50er Jahre) sollte für thermische Stabilität sorgen. Erstmals setzte Zündapp unterhalb der 125er einen neuen Doppelschleifen-Rohrrahmen ein. Ansonsten war ein etwas kleinerer Tank verbaut worden, die Lampenverkleidung war einfacher gestaltet und die Soziusfußrasten an der Schwinge montiert. Das brachte zehn Kilogramm Gewichtserleichterung (98 kg) und eine deutliche Preisreduzierung auf 3350 D-Mark. Trotzdem war die K 80 mit Grimeca-Scheibenbremse, kompletter Instrumentierung, verstellbaren Federbeinen und hochwertiger Verarbeitung preislich noch immer ein Spitzenmodell unter den 80ern.

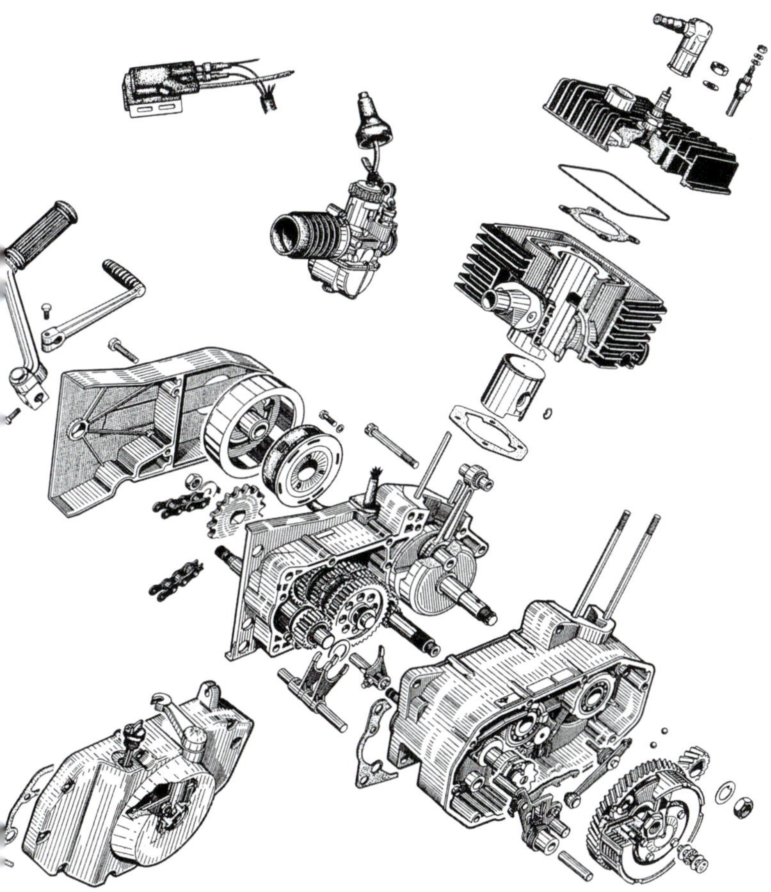

Der fahrtwindgekühlte Motor der K 80, Typ 314-060, mit klauengeschaltetem Fünfganggetriebe.

KS 80 Super

Dem preiswertesten 80er Modell stellten die Zündapp-Leute im Frühjahr 1982 auch gleich das teuerste zur Seite. Die KS 80 Super mit dem neuen Doppelschleifen-Rahmen, der von einem kräftigen oberen Zentralrohr zusammengehalten wurde, setzte sich in Ausstattung und Preis an die Spitze der in Deutschland angebotenen Maschinen. Dazu gehörte ein fünffach verstellbares Zentralfederbein, ein 12-V-Bordnetz, der H4-Scheinwerfer und Brembo-Bremsen. Die

Motorleistung war auf 9,5 PS gestiegen, das versprach einen hervorragenden Durchzug für die inzwischen 114 kg schwere Maschine. Die sich angesichts eines Preises von 4795 D-Mark aber kaum jemand leisten konnte oder wollte. Für 200 D-Mark mehr gab es eine Suzuki GSX 400 F mit Vierzylinder-Viertaktmotor und 42 PS.

Zündapp SX 80

15.582 Leichtkrafträder konnte Zündapp 1982 noch absetzen, aber die Tendenz war bereits klar rückläufig, denn 1983 waren es nur noch 5171 Stück – ein Rückgang um 70 %, den auch die erste 80er Enduro von Zündapp, die SX 80, nicht verhindern konnte. Bei den sportlichen Erfolgen dieser Marke hätte man eine solche vielleicht auch früher erwarten können, doch mit Sicherheit hätte diese 80er, auch wenn sie frü-

SX 80 hieß die erste und einzige 80er Enduro von Zündapp, die bis auf den Motor eigentlich eine italienische Aprilia war.

Made by Zündapp – das war schon fast ein wenig frech. Trotz italienischer Basisfertigung kostete die Maschine 1983 4240 Mark, Eine vergleichbare Yamaha DT 80 LC kostete 700 Mark weniger.

Am Ende musste für die K 80 doch noch eine Wasserkühlung her. Die Modelloffensive 1984 brachte immer höhere Preise bei immer niedrigeren Verkaufszahlen.

her geliefert worden wäre, den Untergang nicht verhindern können – zumal es sich im Grund genommen um keine echte Zündapp handelte, sondern um ein Aprilia. Für die Entwicklung und die Montage dieser Maschine hatte man sich kurzfristig mit den Italienern zusammengetan. Dort wurde nicht nur das Fahrwerk aus vorhandenen Systemen heraus entwickelt, sondern inklusive aller Anbauteile auch komplett montiert. In München wurde dann lediglich noch der bekannte 9-PS-Motor mit Fünfganggetriebe eingebaut. Die italienische Allianz sollte eigentlich Kosten sparen, aber trotz nicht mehr ganz zeitgemäßer 6-V-Elektrik, fehlendem Drehzahlmesser und den Soziusfußrasten an der Schwinge kostete die Maschine satte 4240 Mark und blieb allein schon deshalb ein Ladenhüter. Die Talfahrt beschleunigte sich.

K 80 wc und KS 80 Sport

Eine Wasserkühlung war offensichtlich unverzichtbar, oder anders gesagt, in der Hektik des Niedergangs versuchte sich Zündapp mit allen Mitteln am Markt zu behaupten. Die K 80 erhielt also noch eine Wasserkühlung und kostete 1984 dann 4098 Mark, und aus der KS 80 Super schnitzten die Zündapp-Ingenieure noch die Modelle KS 80 Sport und KS 80 Super Sport. Die Sport mit einem Spoiler unter dem Motor, einer roten Sitzbank und einer schönen rot-weißen Lackierung brachte es noch auf wahrnehmbare Stückzahlen, die vollverkleidete Super Sport für 5995 D-Mark interessierte dagegen niemanden mehr: Sieben Stück von der Maschine mit Einpersonen-Rennsitzbank und Doppelscheinwerfer sollen verkauft worden sein.

Die Leichtkrafträder 1980 bis 1984 im Überblick

KS 80 Typ 530-050	1980-1982	
1-Zyl.-2-Takt	78,1 cm^3	8,3 PS / 6000 U/min
KS 80 Touring Typ 530-070	**1981-1982**	
1-Zyl.-2-Takt	78,1 cm^3	8,3 PS / 6000 U/min
K 80 Typ 540-011	**1982-1983**	
1-Zyl.-2-Takt	78,1 cm^3	8,3 PS / 6000 U/min
KS 80 Super Typ 537-010	**1982-1984**	
1-Zyl.-2-Takt	78,1 cm^3	9,5 PS / 6000 U/min
SX 80 Typ 540-150	**1983-1984**	
1-Zyl.-2-Takt	78,1 cm^3	9 PS / 6000 U/min
K 80 wc Typ 540-200	**1984**	
1-Zyl.-2-Takt	78,1 cm^3	9 PS / 6000 U/min
KS 80 Sport Typ 537-011	**1984**	
1-Zyl.-2-Takt	78,1 cm^3	9,5 PS / 6000 U/min
KS 80 Super Sport Typ 537-012	**1984**	
1-Zyl.-2-Takt	78,1 cm^3	9,5 PS / 6000 U/min

1984 wurde Zündapp Straßenweltmeister in der 80-Kubik-Klasse. Die passende Serienmaschine KS 80 Super Sport für fast 6000 D-Mark wollte trotzdem niemand mehr kaufen.

Das unrühmliche Ende

Im Spätherbst 1981 lud Dr. Dieter Neumeyer als Geschäftsführer des Familienunternehmens die Hauptabteilungs- und Abteilungsleiter zu einer Besprechung und teilte ihnen mit, dass die Gesellschafter die Aufspaltung von Zündapp in eine Immobilien-Besitzgesellschaft und eine Betriebsgesellschaft mit 10 Millionen D-Mark Stammkapital beschlossen hatten. Die nunmehrige »ZÜNDAPP-Werke GmbH« sollte zum 1. Januar 1982 den Betrieb aufnehmen. Bedenken und Fragen über die Auswirkung dieser Neustrukturierung wurden zerstreut. Dennoch zeigten sich nach der offiziellen Bekanntgabe viele Betriebsangehörige verunsichert und fürchteten um ihre Arbeitsplätze.

Bald wurden die Befürchtungen Realität. Zug um Zug wurde das Personal von 1466 Mitarbeitern im Jahr 1981 auf 1177 im Jahr 1982 sowie bis Juli 1984 auf 740 abgebaut und damit den bereits

Sah ja wirklich schick aus, die neue K S 80 Sport. Aber die Zulassungszahlen in der 80-Kubik-Klasse waren in Deutschland nach 1982 stetig rückläufig, während die Versicherungsprämien immer weiter stiegen.

1983 durch Abteilungszusammenlegungen und -auflösungen wissentlich herbeigeführten niedrigen Produktionszahlen angepasst.

Dr. Dieter Neumeyer, seit 1971 alleiniger Geschäftsführer der ZÜNDAPP-GmbH, posiert hier am 20. Juli 1983 mit dem ADAC-Sportpräsidenten Wilhelm Lyding. Ein Jahr später war Zündapp in München Geschichte.

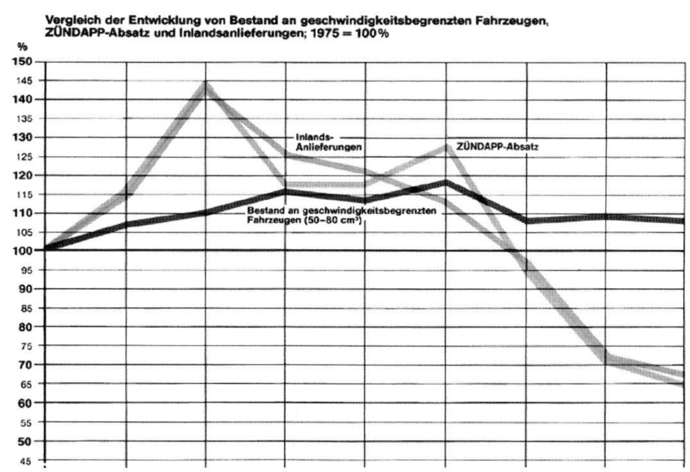

Die Kurven zeigen es: Trotz ungefähr gleichbleibendem Bestand an Zweiradfahrzeugen bis 80 cm^3 ging es bei Zündapp nach 1980 stetig bergab.

Im Januar 1984 trat die Zündapp-Geschäftsleitung mit einer Erklärung »an die Geschäftsfreunde« an die Öffentlichkeit, in der man jegliche Gerüchte über eine Produktionseinstellung dementierte, was nur die größten Optimisten noch für bare Münze nehmen mochten. Aber schließlich gab es nichts mehr zu beschönigen. In einer Betriebsversammlung im Juli 1984 informierte Dr. Neumeyer die Belegschaft über die Schwierigkeiten der Zündapp-Werke. Es wurde von Verhandlungen und Kaufinteressenten gesprochen und die Belegschaft beruhigt in den Urlaub geschickt. Überdies werteten viele Mitarbeiter die sichtbaren Vorbereitungen für die IFMA in Köln als Zeichen, dass es noch nicht so schlecht um die Marke bestellt sein könne.

Doch während die Belegschaft noch im Urlaub war, stellte Dr. Neumeyer am 10.August 1984 einen Antrag auf Durchführung des gerichtlichen Vergleichsverfahrens. Drei Tage später wurde der Rechtsanwalt Dr. Eckehart Müller-Heydenreich zum Vergleichsverwalter bestellt. Inzwischen waren Schulden in Höhe von 35 Millionen DM aufgelaufen.

Es sollte aber noch viel schlimmer kommen: Der Vergleichsverwalter gab bekannt, dass mangels Masse die Zündapp-Werke GmbH keine Löhne und Gehälter mehr zahlen könne. Eine von der Bank geforderte Bürgschaft hatte Dr. Neumeyer abgelehnt – aber die Miete für die Nutzung der gesamten Anlagen durch die GmbH wurde an die im Familienbesitz befindliche Immobiliengesellschaft überwiesen ...

Da die hohen Mietkosten durch die erwirtschafteten Erträge der GmbH nicht mehr aufgebracht werden konnten, bedeutete dies das Ende: Zündapp war pleite.

Am 19.September 1984 wurde das Anschlusskonkursverfahren über das Vermögen der Zündapp-Werke GmbH eröffnet. Der Konkursverwalter war wieder Rechtsanwalt Dr. Müller-Heydenreich. Die letzten Zündapp-Mitarbeiter mussten nun für ihren fehlenden Lohn beim Arbeitsamt Konkursausfallgeld beantragen und anschließend stempeln gehen. Die Inhaber allerdings waren dank der Aufspaltung des Unternehmens abgesichert, so dass sie das Ende der erfolgreichen und bekannten Motorradfirma nicht weiter berühren musste.

Als später der Verkauf der Produktionseinrichtungen nach China gelungen war floss wieder Geld in die Konkurskasse. Nun trat der ungewöhnliche Zustand ein, dass die ehemaligen Mitarbeiter wieder ein Gehalt von Zündapp erhielten und das bereits ausgezahlte Konkursausfalls- und Arbeitslosengeld an die Arbeitsämter zurückzuzahlen hatten. Auch ein Teil der Abfindungen wurde jetzt an die Belegschaft ausgezahlt. Mitarbeiter, die noch keine neue Arbeitsstelle gefunden hatten, erhielten bis zum Ablauf der normalen Kündigungsfrist ihre Löhne und Gehälter aus der Konkurskasse.

Kapitel 16: Rekorde und Weltmeister

Unter all den sportlichen Erfolgen, die das Unternehmen in den Jahren nach dem Zweiten Weltkrieg zu verzeichnen hatte, ragen bis heute zwei Ereignisse ganz besonders hervor: die Weltrekordfahrten im Jahre 1965 und der Gewinn der Straßenweltmeisterschaft 1984.

Die Rekordfahrten von Monza

Ganz so geheim, wie man es sich in München gewünscht hatte, waren die Rekordbestrebungen nicht geblieben, allein die verschiedenen Probeläufe auf der Monza-Bahn und die dazu notwendigen Bahnbelegungen konnten natürlich der Konkurrenz nicht verborgen bleiben. Und dennoch gab es allenthalben eine Überraschung, als am Morgen des 13. Mai 1965 die Nachricht durchgegeben wurde, dass zunächst mal die 6 Stunden und die 1000 km geschafft und neue Rekordmarken gesetzt wurden. Am Donnerstag wurde dann noch der 12-Stunden-Rekord gebrochen, am Freitag der über 100 km und 1 Stunde, und am Samstag, sozusagen vor dem Frühstück, fuhr Volker Kramer auch noch die 10 km. Die außerdem auf dem Plan gestandenen 24 Stunden (die normalerweise drin gewesen wären) wurden durch die überaus starken böigen Winde vereitelt, die schon an den übrigen Tagen die Rekordfahrten zeitweise überhaupt in Frage gestellt hatten.

Die ersten Vorbereitungen für die Weltrekordversuche lagen bereits ein dreiviertel Jahr zurück. Im Herbst 1964 war die Versuchsabteilung erstmals mit einer verkleideten Maschine zum Autodromo gekommen – die damalige Verkleidung ähnelte im Vorderteil bereits der späteren Ausführung, das Heckteil aber fehlte noch. Immerhin wurden bei diesen ersten Versuchsfahrten wichtige Erkenntnisse gewonnen – nicht in Sachen

Aerodynamik (die wurde später in Zusammenarbeit mit der TH München optimiert), sondern auch Erkenntnisse in Sachen Reifen- und Dämpferbeanspruchung. Außerdem, und das war vielleicht noch wichtiger: Zündapp konnte feststellen, wie lausig die Bahnbeleuchtung bei Nachfahrten war. Keinesfalls, das stand danach fest, konnte man diese mit einer indirekten Bahnbeleuchtung absolvieren. Vor allem in den Kurven war das völlig ausgeschlossen, die Unfallgefahr viel zu groß: Das Rekordmotorrad benötigte ein starkes Fahrlicht, nur so konnte der Fahrer sich an der angestrahlten Leitlinie orientieren.

Im Frühjahr 1965 kam man dann wieder in Monza, sozusagen zur Generalprobe, und zeigte sich im Prinzip zufrieden: Zündapp war sicher, die bestehenden Rekorde über 6, 12 und 24 Stunden mit Sicherheit brechen zu können; später beschloss man, auch die Rekorde über 10 und 100 km anzugreifen. Keine Frage, dass man für die dabei in Frage kommenden höheren Geschwindigkeiten mehr Leistung benötigen würde, die nur unter Zuhilfenahme einer Flüssigkeitskühlung zu erreichen war. Auch das wurde geschafft und am Samstag, dem 8. Mai, setzte sich der ganze Tross von München aus in Bewegung Richtung Süden. Ohne Fahrer noch – denn die hatten am Sonntag Wettbewerbsverpflichtungen. Sie kamen erst am Montag auf dem Luftweg in Monza an. Gemeldet waren die Geländefahrer Andreas Brandl, Volker Kramer, Alfred Lehner und Günter Sengfelder und die außerdem unter Vertrag genommenen Rennfahrer Peter Eser und Heinrich Rosenbusch.

Schließlich sollte es nach einigen Proberunden am Dienstag um 16 Uhr losgehen. Aber der Wind ließ nicht nach, so dass man schließlich die Fahrer ins Bett schickte und den Beginn auf Mittwoch verschob. Früh um 5.20 Uhr war es dann soweit – erster Start. Nach vier Stunden – Motor fest. Also Bauerei und um 19 Uhr neuer Start, nachdem es den ganzen Tag über wieder aus allen Rohren über die Bahn geblasen hatte. Nach einer Stunde wieder Ende: Kabelbruch durch Vibration! Anschließend neuer Start – Zündaussetzer – um 22.30 Uhr, ist man wieder startklar.

Nun aber war alles o.k.: Morgens 4.37 Uhr waren die sechs Stunden abgehakt, wenig später die 1000 Kilometer, dann folgten die zwölf Stunden, die auch noch unter Dach und Fach gebracht wurden. Diese Leistung war noch erstaunlicher, weil schon ab der neunten Stunde die Fahrer nicht mehr Vollgas gehen konnten, weil der erneut aufgefrischte Wind die vorherigen Stundenschnitte (die lagen bei über 145 km/h) nicht mehr zuließ: Der unberechenbare Seitenwind wurde zum stetig wachsenden Risiko für den Fahrer. So schaffte man dann schließlich (Sengfelder fuhr die letzte Stunde nahezu im »Trial-Stil« unter Inanspruchnahme der ganzen Bahnbreite) »nur« einen Gesamtschnitt von 137,039 km/h, doch der lag noch immer beträchtlich über dem bisherigen 50-cm^3-Rekord. Weiterfahren freilich in Richtung auf 24 Stunden verbot sich angesichts der Windstärke.

Nun machte man sich also an die kürzeren Rekorddistanzen, und dazu musste man die Rekordmaschine (es gab nur eine und auch nur eine Verkleidung) zunächst mal auf den wassergekühlten Motor umrüsten. Am Freitag ging es dann weiter, und um 8 Uhr war nicht nur der 100-km-Rekord, sondern auch der über eine Stunde gefallen. Wieder legte der Wind den Tag über alle Rekordfahrerei lahm; an die 24 Stunden war nicht mehr zu denken, zumal Zündapp im Laufe des Samstags die Bahn räumen sollte. Daher wurde es am Freitag nichts mit einem neuen Rekord über die 10 km; der fiel dann kurz vor dem Zusammenpacken am Samstag in der Frühe, 5:15 Uhr.

Bereits 1963 war Zündapp zu Testfahrten in Monza unterwegs. Vorne Dieter Kramer, dahinter sein Bruder Volker. (Foto: Archiv Günter Sengfelder)

Noch einmal Monza 1963: Der sportliche Leiter Georg Weiß erteilt seinem späteren Nachfolger Erich Mesner Ratschläge. Rechts im Hintergrund Motorrad-Chefredakteur Siegfried Rauch im Gespräch mit seinem Sohn Volker. Das Foto entstand im Werkshof vor der Abfahrt. (Foto: Archiv Günter Sengfelder)

Von links nach rechts: Gustav Franke, Volker Kramer und Dieter Kramer brechen im Herbst 1964 zu weiteren Testfahrten nach Monza auf.
(Foto: Archiv Günter Sengfelder)

Das Fahrerteam von Monza im Mai 1965 (v.l.n.r.): Heinrich Rosenbusch, Volker Kramer, Peter Eser, Andreas Brandl, Alfred Lehner und Günter Sengfelder. (Foto: Archiv Günter Sengfelder)

Wie sah nun die Maschine aus, mit der man diese Rekorde eingefahren hatte? Die Münchner hatten nur ein Fahrwerk und eine Verkleidung mit nach Monza gebracht. Letztere war in Handarbeit im Münchner Werk aus glasfaserverstärktem Kunststoff und nach Windkanaltests entstanden. Am kräftigen Stahlrohr-Doppelschleifenrahmen hingen eine umgedrehte Bella-Telegabel und eine Hinterradschwinge mit gasgedämpften Bilstein-Federbeinen. Die Verkleidung war maximal 42 cm breit, der Lenkereinschlag war minimal. Eine Zusatzbatterie versorgte den großen Scheinwerfer mit Biluxbirne, darüber war die Hauptbatterie für die Transistor-Zündanlage untergebracht. Eine weitere Batterie versorgte das Kühlgebläse des wassergekühlten Motors. Der Motor bestand weitestgehend aus KS 50-Teilen, wobei der Zylinder eine Geländesport-Breitwandausführung war. Im Ansaugsystem regelte ein Drehschieber den Einlass. Dem Fünfganggetriebe war ein Zweigang-Vorgelege vorgeschaltet, so dass der Motor mit zehn Gängen auf das Leistungsdrehzahlband von 10.000 bis 13.000 U/min gebracht werden konnte. Ein Satz Spezialreifen von Metzler reichte für alle Rekordfahrten.

Günter Sengfelder im Blaumann bei Proberunden…
(Foto: Archiv Günter Sengfelder)

…und bei der 12-Stunden-Rekordfahrt mit dem luftgekühlten Motor. Die Fahrer wechselten sich stündlich ab. (Foto: Archiv Günter Sengfelder)

Im Autodrom von Monza: Volker Kramer faltet sich hinter der 42 cm schmalen Verkleidung der Zündapp-Rekordmaschine zusammen. (Foto: Archiv Günter Sengfelder)

Bei den Strecken ohne Fahrerwechsel absolvierte Volker Kramer alle Rekordfahrten. Für die Rekorde mit dem wassergekühlten Motor wurden die Lufteinlassschlitze der Verkleidung zugeklebt. (Foto: Archiv Günter Sengfelder)

Auf Basis der nagelneuen KS 125 versuchte sich Zündapp 1971 erneut an Rekordversuchen in dieser Klasse, brach wetterbedingt aber ab und gab alle weiteren Bemühungen auf. (Foto: Archiv Günter Sengfelder)

Der Rekordmotor mit Drehschiebereinlass. Gerüchteweise wurden ihm 12 PS zugeschrieben, 8 dürften realistisch gewesen sein. (Foto: Archiv Günter Sengfelder)

Die Weltrekordfahrten vom Mai 1965 im Überblick

Disziplin	neue Bestzeit	Hubraumklassen
Stehender Start 10 km	153,452 km/h	50 und 75 cm^3
Stehender Start 100 km	162,002 km/h	50 und 75 cm^3
Stehender Start 1000 km	146,69 km/h	50 und 75 cm^3
Schnitt 1 Stunde	162,609 km/h	50 und 75 cm^3
Schnitt 6 Stunden	147,798 km/h	50 und 75 cm^3
Schnitt 12 Stunden	137,039 km/h	50, 75, 100 und 125 cm^3

Die Straßenweltmeisterschaft 1984

In Deutschland zwar seit 1980 gesetzlich geregelte Fahrzeugklasse, dauerte es doch noch einige Zeit, bis sich die 80-cm^3-Klasse international durchsetzte und in der Straßenweltmeisterschaft die Schnapsglas-Klasse mit 50 Kubik ablöste. Das war erst 1984 der Fall, doch wurde bereits 1983 eine Europameisterschaft für die 80er ausgeschrieben.
Am 1. März 1983 stellte Zündapp die Rennmaschine der Öffentlichkeit vor und Dr. Dieter Neumeyer gab bekannt: »Wir wollen damit 1983 Europameister werden und 1984 sogar Weltmeister.« So wirklich ernst nahm diese Worte wohl niemand, aber Zündapp legte richtig los: Gleich beim ersten Start am 12. März in Spanien gab es den ersten Sieg. Die Verpflichtung von Hubert Abold, Deutscher Meister

Die wassergekühlte Kurzstrecken-Version des Rekordfahrzeugs lässt viele Provisorien wie Wassermantel, Batterie hinter dem Tank oder die Zündelektrik unter dem Steuerkopf erkennen. (Foto: Archiv Günter Sengfelder)

Die fahrtwindgekühlte Langstrecken-Variante des Rekordfahrzeugs mit mächtigen Luftleitkanälen und großem Tank. (Foto: Archiv Günter Sengfelder)

1982 in der 125er Klasse, erwies sich als Glückstreffer, genauso wie das Engagement von Herbert Rittberger als Teamchef, 1974 und 1976 Vizeweltmeister auf Kreidler und bis 1982 in der dortigen Rennabteilung. Den Motor hatte Dieter Schmidt konstruiert, als Hauptsponsoren für das neue Zündapp-Rennteam traten der Reifenhersteller Metzeler, Shell sowie Rennmäzen Mike Krauser (der mit den »Krauser-Koffern«) auf.

Die Rennmaschine war weitestgehend bei Zündapp entstanden. Ein kräftiger Brückenrohrrahmen hielt das Fahrwerk mit Marzocchi-Telegabel und Hinterradschwinge aus Aluminium zusammen. Daran hingen die Räder von Campagnolo mit den Bremsen von Brembo. Der Zweitaktmotor war liegend angeordnet, wassergekühlt und mit einem Einlass-Drehschieber ausgestattet. 30 PS soll er bei 13.500 U/min geleistet haben, per klauengeschaltetem Sechsganggetriebe ans Hinterrad weitergegeben.

Beim zweiten EM-Lauf fiel die Maschine aus, um danach aber fleißig Siegpunkte zu sammeln. Als es am 25. September 1983 zum Finale in Hockenheim kam, stand Abold bereits als Europameister fest. Aber der Sieger von Hockenheim hieß nicht Hubert Abold. Zündapp hatte sich längst die Dienste des 50er Weltmeisters Stefan Dörflinger gesichert, der nun zum EM-Saisonfinale sein erstes großes Rennen auf der 80er Zündapp bestritt und überlegen siegte.

Der Kampf um den ersten WM-Titel in der 80-cm^3-Klasse überhaupt geriet dann 1984 zum gleichzeitigen Kampf gegen die Firmen-Pleite. 600.000 Mark waren für das WM-Jahr veranschlagt worden, eine Summe, die Zündapp vielleicht auch anders hätte einsetzen können. Immerhin trugen die Sponsoren, allen voran Mike Krauser, eine nicht unerhebliche Summe zu diesem Budget bei.

Als Fahrer hatte Zündapp den Schweizer Stefan Dörflinger und erneut Huber Abold verpflichtet. Während Abold auf das Chassis des Vorjahres vertraute, ließ sich Dörflinger von seinem Landsmann Lois Christen einen Monocoque-Rahmen bauen. Die Motoren für beide Maschinen entsprachen im Wesentlichen denen des Vorjahres, eine Neuentwicklung mit Auslassteuerung war zu den Akten gelegt worden.

Am 15. April 1984 erfolgte die Premiere: Mit 43 Teilnehmern ging es im italienischen Misano zum ersten 80er WM-Lauf der Motorradgeschichte. In der ersten Startreihe standen Torno auf Derbi und die beiden Zündapp. Den Sieg holte sich jedoch ein ganz anderer: Pierpaolo Bianchi auf Casal, vor Dörflinger und Abold.
Bianchi siegte auch am 6. Mai in Jarama, Spanien. Abold wurde nur Vierter, Dörflinger landete mit Motorproblemen gar auf dem siebten Platz – ärgerlich, aber kein Grund zur Sorge, hieß es bei Zündapp. Tatsächlich brachte der dritte WM-Lauf auf dem Salzburgring den Doppelerfolg für das Münchner Team: Dörflinger siegte vor Abold. Beim Deutschland-Grand-Prix auf dem Nürburgring holte Stefan Dörflinger am 27. Mai seinen zweiten Sieg, der dritte folgte am 17. Juni in Jugoslawien, wo Abold wieder Zweiter wurde. Dörflinger siegte noch in Spa-Francorchamps; beim Abschlussrennen am 2. September in Mugello, San Marino, wurde er mit defekter Wasserpumpe nur Fünfter, sicherte sich damit aber mit 82 Punkten den WM-Titel vor seinem Teamkollegen Abold (75), der wiederum mit dem dritten Platz beim Abschlussrennen Pierpaolo Bianchi (68) auf Distanz hielt. Damit wurde Zündapp auch Markenweltmeister 1984 – dabei hatte das Werk am 10. August Konkurs angemeldet. Nur das schnelle Einspringen von Mike Krauser, der kurzerhand das Zündapp-Rennteam

Unvergessen: Hubert Abold auf Zündapp bei seinem ersten Sieg zur Straßen-EM 1983 in Jarama/Spanien.

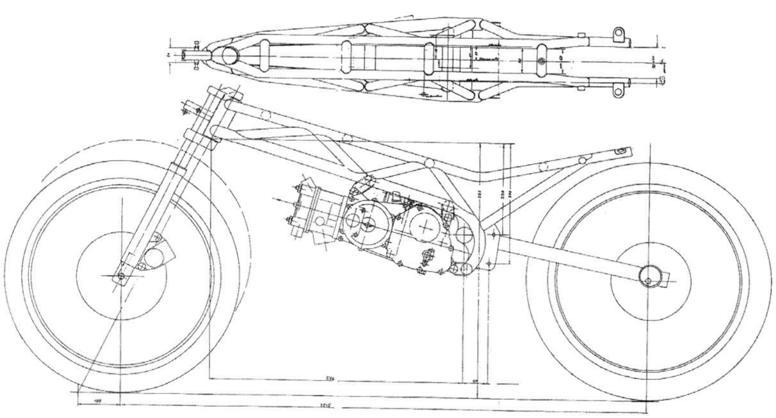

Der zeichnerische Entwurf für die erste Ausführung der 80-cm³-Straßenrennmaschine von Zündapp.

kaufte, machte es der Marke überhaupt erst möglich, das letzte Rennen zu bestreiten und, sozusagen posthum, die Titel einzufahren.

Nach der Verkündung des Weltmeistertitels hieß es am Schluss der Pressemitteilung: »Hiermit meldet sich die Zündapp-Pressestelle voraussichtlich zum letzten Mal in Sachen Motorradsport, nicht ohne Ihnen allen draußen in den Redaktionen für die bisherige faire, enge und freundschaftliche Zusammenarbeit zu danken. Mit sportlichen Grüßen Zündapp-Werke GmbH.« Damit war im Grunde genommen alles gesagt. 1985 startete im Prinzip das gleiche Team wie im Jahr zuvor. Jetzt mit der weiterentenwickelten Zündapp-Maschine. Gemeldet hatte aber Krauser. Die wieder von Herbert Rittberger betreute Mannschaft konnte sich am Ende des Jahres erneut über den Titelgewinn von Stefan Dörflinger freuen.

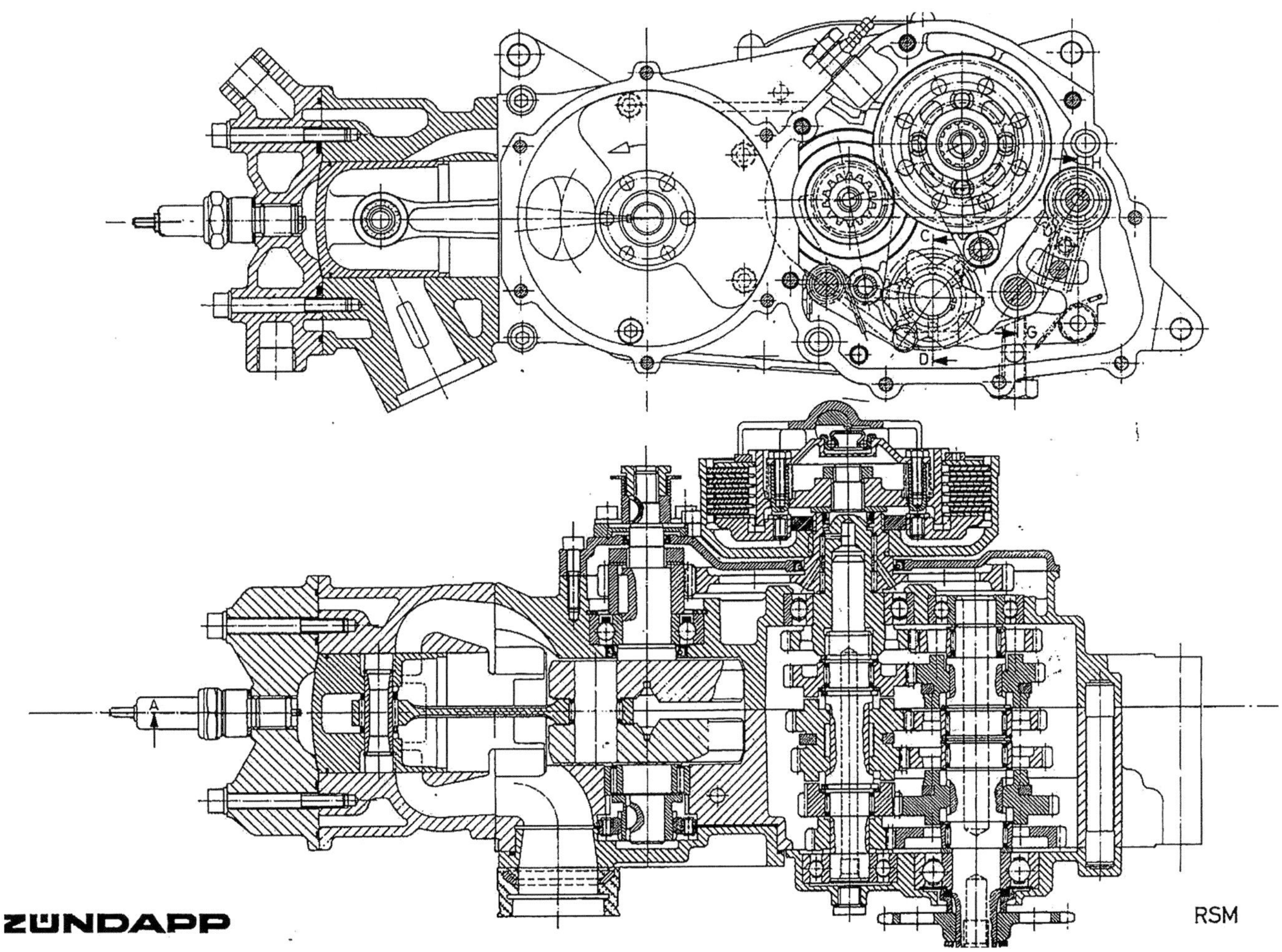

Schnittdarstellung des ersten 80-cm³-Drehschiebermotors mit Sechsganggetriebe und offenliegender Trockenkupplung.

Die Zündapp-Grand-Prix-Maschine von 1984, mit der Stefan Dörflinger erster Weltmeister der 80-cm^3-Klasse wurde. (Foto: Archiv Günter Sengfelder)

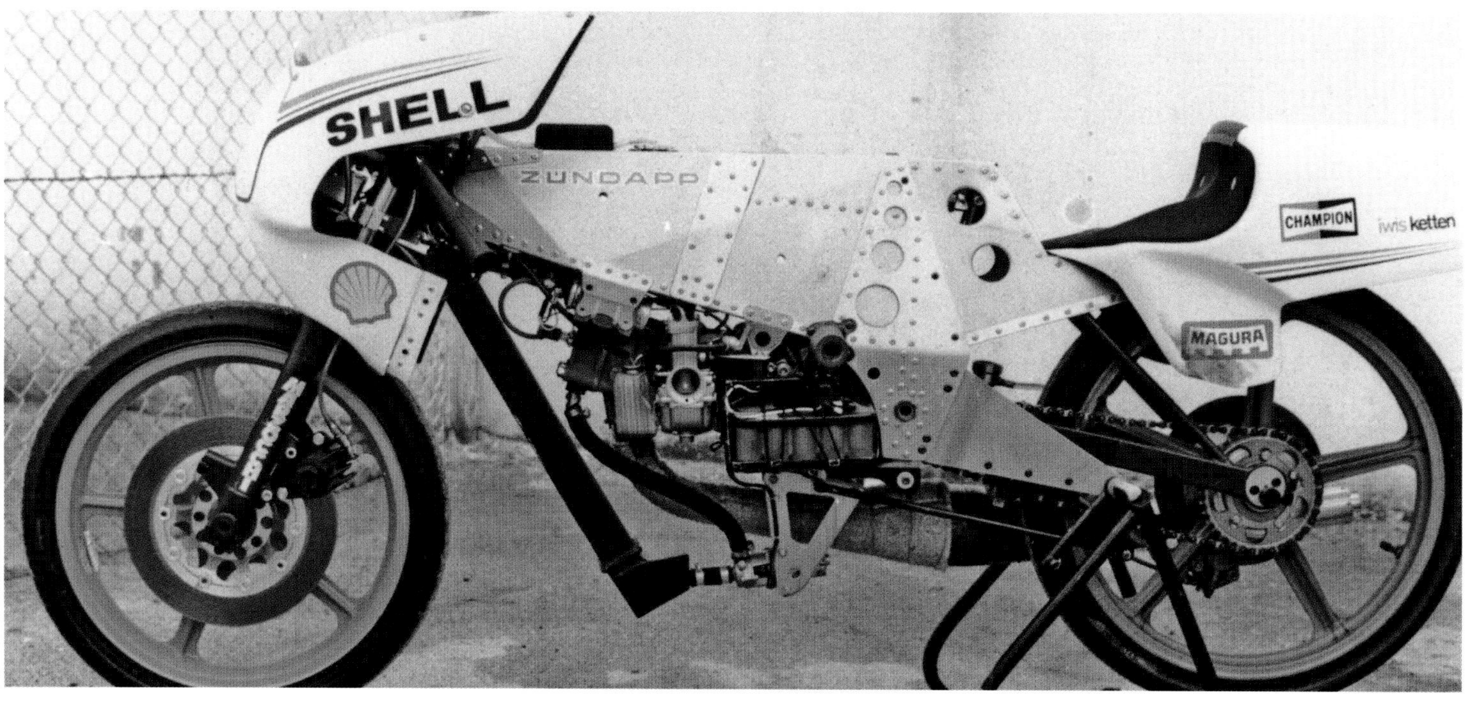

Den Monocoque-Rahmen baute der bekannte Schweizer Seitenwagenspezialist Louis Christen. (Foto: Archiv Günter Sengfelder)

Erster WM-Lauf, zweiter Platz: Stefan Dörflinger auf Zündapp beim Großen Preis von Italien am 15. April 1984 in Misano. (Foto: Archiv Günter Sengfelder)

Auf dem Salzburgring siegte Dörflinger. Der ihn hier verfolgende Spanier Jorge Martinez auf Derbi wurde am Ende nur Fünfter.

Stefan Dörflinger wurde auf Zündapp erster 80-cm^3-Weltmeister, während die Firma in München für immer ihre Tore schloss. (Foto: Archiv Günter Sengfelder)

Stefan Dörflinger gewann auch 1985 den WM-Titel in der 80er Klasse auf einer Zündapp, die offiziell jetzt aber Krauser hieß.

Zündapp-Automobile

(Foto: OK Team Classic)

Zündapp versuchte sich seit der Spezialisierung auf Motorfahrzeuge immer mal wieder im Bau von Automobilen bzw. Lieferwagen. Erfolgreich war man dabei nicht. Wie die meisten anderen klassischen Motorradhersteller, die das versuchten, scheiterte man auf ganzer Linie.

Lieferwagen und Pkw-Prototypen

1933 begann bei Zündapp der Bau von Lieferwagen. Die Motorradbauer planten zunächst den Bau eines Dreirad-Fahrzeugs mit einem gelenkten Vorderrad, mit Mittelträgerrahmen und geschlossenem Führerhaus sowie dem mit einem Gebläse ausgerüsteten 200 cm^3-Zweitakt-Einzylinder der K 200 samt deren angeblocktem Getriebe. Obwohl man bereits die Händlerschaft informiert und Prospekte herausgegeben hatte, kam es nicht zur Serienfertigung. Nicht anders erging es einem Zweisitzer-Dreirad, das über das Versuchsstadium nicht hinaus kam. Im Gegensatz zum Lieferdreirad wies dieses zwei gelenkte Vorderräder und hinten das Antriebsrad auf.

Dagegen wurde 1933 noch ein Vierrad-Schnelllieferwagen mit wassergekühltem 400 cm^3-Boxer-Viertaktmotor zur Serienfertigung freigegeben. Über ein Vierganggetriebe und eine durch das tragende Mittelrohr des Rahmens führende Welle erfolgte die Kraftübertragung zum Ausgleichsgetriebe. Dessen Gehäuse war an das Rahmen-Mittelrohr angeflanscht, von ihm aus wurden über Gelenk-Halbwellen die beiden Hinterräder angetrieben. Alle vier Räder waren an Doppel-Querblatt-Federn aufgehängt, deren Träger vorn und hinten an unter dem Mittelrohr durchlaufenden Längsträgern saßen. Der Absatz dieses Fahrzeugs war nicht besonders erfreulich: 1934 entstanden rund 300 Stück, 1935 (nunmehr mit 500er-Motor) waren auch nicht mehr. Dann wurde die Fertigung zugunsten des die ganze Werkskapazität beanspruchenden Motorradbaus wieder aufgegeben. Aufgegeben wurden nach dem Bau von Musterwagen auch Versuche, auf das Chassis des Vierrad-Lieferwagens eine zweisitzige Coupé-Karosserie aufzusetzen.

Etwa zur gleichen Zeit befasste sich Zündapp mit der Konstruktion eines größeren Personenwagens mit Zweiliter-Motor. Es kam zwar zum Bau zweier Prototypen, doch auch in diesem Fall wurden die weiteren Arbeiten zugunsten der Motorräder wieder eingestellt.

Das Volkswagenprojekt

Ferdinand Porsche war seit 1930 vollauf mit der Entwicklung eines Volkswagens beschäftigt, für den es bereits seit Beginn der dreißiger

Die Prospekte für den Dreirad-Lieferwagen waren schon gedruckt, zu einer Serienfertigung ist es aber nicht gekommen.

Der Vierrad-Lieferwagen wurde zwar gebaut, jedoch entstanden 1934/35 gerade mal etwa 600 Fahrzeuge. (Foto: Archiv Günter Sengfelder)

Pritsche oder geschlossener Kasten – das waren die klassischen Lieferwagen-Aufbauten, die natürlich auch Zündapp anbot. (Foto: Archiv Günter Sengfelder)

»Fridolin« nannten die Zündapp-Mitarbeiter diesen Versuch eines Zwei-Liter-Sportwagens, von dem 1934/35 zwei Prototypen entstanden. (Foto: Archiv Günter Sengfelder)

Fahrwerk und Antriebseinheit des bei Zündapp gebauten Volkswagen-Protototypen. Lediglich die Pendelachse wurde ähnlich beim VW-Käfer übernommen. (Foto: Archiv Günter Sengfelder)

Jahre, zunächst im Auftrag von Zündapp in Nürnberg, später dann von NSU in Neckarsulm Vorstufen gegeben hatte.

Auf Grund eines 1931 mit Geheimrat Neumeyer, dem Chef der Zündapp-Werke, geschlossenen Vertrages wurden in Stuttgart bzw. Nürnberg drei Musterfahrzeuge gebaut, die allein schon vom Äußeren her eine weitgehende Ähnlichkeit mit dem späteren KdF-Wagen aufwiesen; im Vertragstext erschien übrigens schon 1931 der Begriff »Volkswagen«.

Dieses Konzept sah schon Hinterradantrieb und Heckmotor vor. Als Motor wollte Porsche entweder einen Viertakt-Boxermotor (zunächst zwei, später vierzylindrig) oder einen Dreizylinder-Zweitakt-Sternmotor verwenden. Die Zündapp-Konstrukteure setzten sich jedoch mit ihrem Vorschlag, einen Fünfzylinder-Viertakt-Sternmotor vorzusehen, durch.

Trotz Wasserkühlung gab es mit diesem Motor thermische Schwierigkeiten, aber entscheidend war schließlich, dass Neumeyer von dem Projekt zurücktrat; ihm erschien das Vorhaben wohl für die Kapazität seines Werkes eine Nummer zu groß. Ab 1933 ergab sich dann für Porsche die Zusammenarbeit mit NSU; das Konzept ähnelte dem bei Zündapp erprobten, hatte aber einen luftgekühlten Viertakt-Vierzylinder-Boxermotor. Damit waren alle Komponenten vorhanden, die letztlich den »Volkswagen« ergeben sollten.

Zündapp Janus

Mitte der fünfziger Jahre befasste sich Zündapp, nahezu zwangsläufig, wieder mit Automobilplänen. Allerdings stand man dem Modetrend der Kleinstwagen und Rollermobile, die ja noch zwei Stufen unterhalb des VW Käfers angesiedelt waren, eher skeptisch gegenüber, was nichts daran änderte, dass ein Umsatzträger beschafft werden musste. Um eine langwierige, eigene Entwicklung zu sparen, nahm Zündapp zunächst Kontakt zur Firma Elektromaschinenbau Fulda auf, die mit ihrem dreirädrigen Fuldamobil bereits am Markt präsent waren. Speziell der Aufbau mit einer Holzkarosserie ließ Zündapp schnell wieder Abstand zu diesem Projekt nehmen.

Bevor ein fahrtüchtiger Prototyp des Volkswagens entstand, baute die Versuchsabteilung ein 1:5 Modell aus Holz. Der Nachbau für das Industriemuseum Nürnberg entstand um die Jahrtausendwende nach Originalplänen. (Foto: Archiv Günter Sengfelder)

Vom Zündapp-Prototyp bis zum endgültigen Volkswagen war es noch ein ganzes Stück Weg. (Foto: Archiv Günter Sengfelder)

Zum Jahreswechsel 1955/56 bot Flugzeughersteller Dornier Zündapp das »Delta«-Konzept an. Dabei handelte es sich um ein reines Zweckfahrzeug mit vier Rädern und einer Front- und Hecktür. Aus dieser Grundidee entstand schließlich der Zündapp »Janus«. Das Projekt gelangte im März 1957 zur Serienreife. Der luftgekühlte Einzylinder-Zweitakter samt angeblocktem Ziehkeil-Vierganggetriebe mit Rückwärtsgang erhielt Elektrostarter und Kühlgebläse, war als Mittelmotor platziert und trieb über Gelenkwelle und Ausgleichsgetriebe die einzeln aufgehängten Hinterräder an. Die Fahrleistungen des mit dem nur 245 cm^3 großen Motors ausgerüsteten Kleinstwagens waren dank überaus sorgfältiger Fahrwerksauslegung und -Abstimmung überraschend gut. Während der Janus im Rallye-Sport tatsächlich

Im September 1956 gab Zündapp eine Serie von Werbeaufnahmen heraus, die den Janus als taugliches Familienautomobil darstellten.

Erfolge einheimste, fand er bei den Käufern ob der ungünstigen Sitzanordnung und des hohen Innengeräusches weniger Anklang. Versuche mit großvolumigeren Motoren und geänderten Karosserien (unter anderem ein Sport-Coupé) endeten Mitte 1958 mit der Aufgabe des Nürnberger Zündapp-Werkes. Auch der Janus durfte nicht mit nach München umziehen.

Der Zündapp-Sportwagen

Neben dem Janus hatten die Nürnberger auch ein preiswertes Sportcoupé italienischen Einschlags (Karosserie-Entwurf Pininfarina) mit 1,1 oder 1,5-Liter-Climax-Doppelnockenwellenmotor auf dem Reißbrett. Die Entwicklungsarbeiten wurden allerdings nach der Konzentration der Gesamtfertigung im Werk München 1958 eingestellt, doch dieses Konzept ist so interessant, dass an dieser Stelle etwas näher darauf eingegangen werden soll.

Der 2/2-sitzige Sportwagen hatte eine mittragende Karosserie und wurde ähnlich wie der VW Käfer mit einer Bodengruppe verschraubt. Der Entwurf wies eine sehr elegante Linienführung auf, die ohne zusätzlichen Chrom und Zierrat auskam.

Die Vorderachse war als Doppelkurbelachse ausgebildet. Die Federung erfolgte durch einen Drehstab, der von der unteren Kurbel beaufschlagt wird, dazu kamen Teleskopdämpfer. Die starre Hinterachse war über Schraubenfedern und innenliegenden Schwingungsdämpfern abgefedert.

Erprobt wurde lediglich ein »Climax-Motor« mit einem Liter Hubraum. Der vorn liegende, wassergekühlte Motor hatte eine dreifache in Gleitlagern gelagerte Kurbelwelle, eine obenliegende kettengetriebene Nockenwelle, parallele Ventile und eine Leistung von 78 PS bei 6900 U/min. Das Viergang-Getriebe war über eine Einscheiben-Trockenkupplung mit dem Motor verbunden. Das Projekt wurde nicht weiter verfolgt.

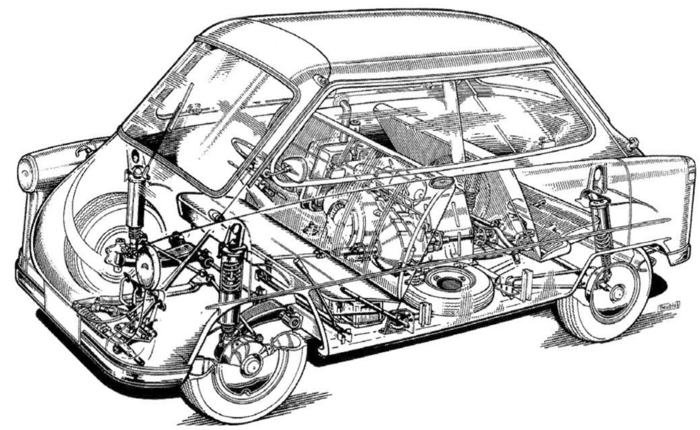

Tatsächlich war der Kleinstwagen wegen seiner Sitzpositionen vor und hinter dem Triebwerk eher unbeliebt. Das Durchsichtsbild zeigt außerdem die einzeln an Schwingen aufgehängten Räder und die langhubigen, hydraulisch gedämpften Federbeine.

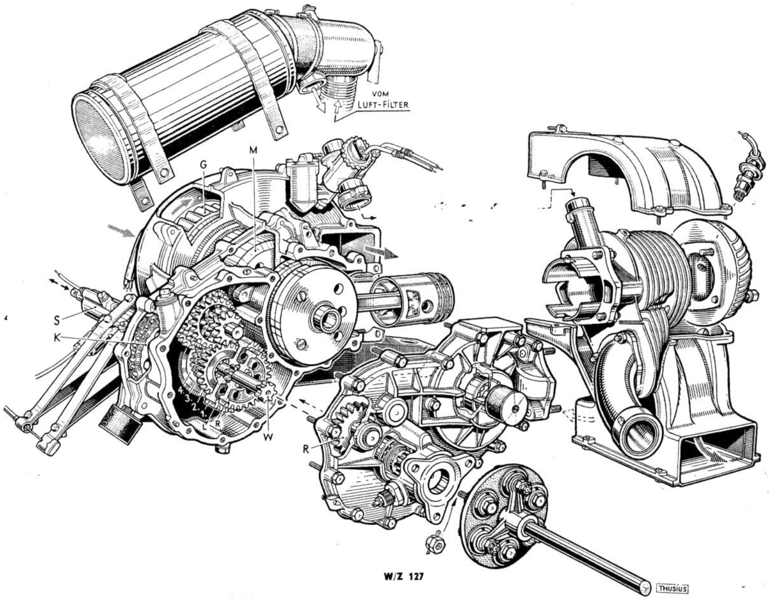

Eine Besonderheit des Zündapp-Triebwerks war der liegende Zylinder. Die Kraftstoffförderung erfolgte durch eine vom Kurbelgehäuse pneumatisch angetriebene Membranpumpe.

Für die Janus-Fertigung baute Zündapp eine neue Halle im Werk Schweinau. Die Montage an Hängebändern war dabei ein Novum im Automobilbau. (Foto: Archiv Günter Sengfelder)

Auch diese Werbeaufnahme von 1956 suggeriert riesige Platzverhältnisse im Zündapp Janus.

Diese Aufnahme stammt aus dem Jahr 1957. Die Janus-Fertigung endete 1958 nach 6902 gebauten Exemplaren.

Ein eigener Vierzylinder-Viertaktmotor sollte den schicken Sportwagen später in der Serienfertigung antreiben. Mit dem Verkauf der Nürnberger Werksanlagen endeten alle hochtrabenden Pläne. (Foto: Archiv Günter Sengfelder)

Zündapp beauftragte den italienischen Designer Pininfarina mit dem Entwurf und dem Bau einer Sportwagenkarosserie, von der ein Exemplar nach Nürnberg geliefert wurde. (Foto: Archiv Günter Sengfelder)

Flug- und Aggregatmotoren

Wie andere Motorradhersteller – man denke an BMW, DKW, NSU oder Grade – war es auch für Zündapp selbstverständlich, die Zweirad-Motoren für andere Einsatzzwecke zu präparieren. Entsprechende Neu- oder Erweiterungskonstruktionen gehörten bei Zündapp über Jahrzehnte zur Angebotspalette.

So erfolgte ab 1937 im Auftrag des Reichsluftfahrtministeriums (RLM) die Entwicklung eines Flugmotors. Ursprünglich auf eine Leistung von 40 PS ausgelegt, lief nach intensiver, in aller Stille durchgeführter Versuchsarbeit 1938 die Serie mit einem 50 PS-Typ an.

Gefordert wurde dieser Motor vom Auftraggeber (der einen preiswerten Motor wünschte und deshalb den Auftrag auch nicht an die etablierte Luftfahrtindustrie, sondern an ein Motorradwerk vergab) zur Deckung des steigenden Bedarfs an Schulflugzeugen zur Fliegervorschulung. Der von Zündapp entwickelte Motor entsprach mit seinem einfachen Aufbau und mit relativ niedrigen Gestehungskosten, die denen des Fahrzeugbaus nahekamen, genau der Zielsetzung. Zwar wurde die Fertigung nach Beginn des Kriegs auf Weisung des Ministeriums wieder eingestellt, aber nachdem mit diesem Motor in verschiedenen Flugzeugmustern bereits 1939 eine Reihe von bestehenden Rekorden gebrochen worden war, überbot nach Kriegsende ein französischer Pilot mit einem Beutemotor nochmals zwei Weltrekorde.

Bei diesem Motor handelte es sich um einen für hängenden Einbau disponierten luftgekühlten Viertakt-Vierzylinder-Reihenmotor mit Einzelzylindern, Bohrung 85, Hub 88 mm, Hubraum 2000 cm^3, der 6,2:1 verdichtete. Seine Nennleistung von 50 PS lag bei 2300 U/min an. Bei einem Eigengewicht (komplett mit Ölbehälter, Windleitblechen und Kraftstoffpumpe) von 60 kg betrug sein Leistungsgewicht 1,20 kg/PS, der Kraftstoffverbrauch 220-240 g/PSh, der Ölverbrauch 2-3,5 g/PSh – allesamt sehr günstige Werte. Mit einer Gesamtlänge von 800 mm, einer Breite von 350 und einer Höhe von 560 mm erfüllte das leichte Triebwerk auch hinsichtlich seiner Einbaumaße die vom RLM gestellten Bedingungen.

Das U-förmige, nach oben offene Kurbelgehäuse bot den Vorteil, dass die Kurbelwelle mit den Pleueln und Lagern als vormontierte Baugruppe eingelegt werden konnte. Die fünf Haupt- und die vier Pleuellager waren als Nadellager ausgeführt, die Kurbelwelle un-

Der Z 92-Motor in Serienausführung.

Der Zündapp-Flugmotor Z 90a, Werk No VI, mit Sum-Vergaser auf dem Prüfstand.

geteilt und die Lager samt den Käfigen geteilt. Die hinten angetriebenen beiden Nockenwellen waren in Rollenlagern geführt, an den vorderen Enden trieben sie Druck- und Saugpumpe für die Schmierung, an den hinteren die Kraftstoffpumpe und den mechanischen Drehzahlmesser an (es konnte dort aber auch der Geber für einen elektrischen Drehzahlmesser angeschlossen werden).

Die Pleuelstangen hatten H-Querschnitt, die Kolben schwimmend gelagerte Kolbenbolzen, drei Kompressions- und einen untenliegenden Ölabstreifring. Als Zylinderwerkstoff kam hochwertiger Stahl zur Verwendung, die Befestigungsbolzen waren bis zu den Hauptlagern durchgeführt. Die Zylinderköpfe bestanden aus Leichtmetall, hatten einen kugeligen Brennraum und schräg hängende Ventile. Die charakteristischen, an beiden Seiten angeordneten Stoßstangen betätigten über nadelgelagerte Kipphebel die Ventile.

Dieser Zündapp-Flugmotor mit zwei Pallas-Vergasern leistete auf dem Prüfstand 65 PS.

Über eine Kreuzscheibe wurde der Bosch-Magnet für Einfachzündung mit automatischer Zündzeitpunktverstellung direkt von der Kurbelwelle angetrieben; er war auf dem hinteren Apparatedeckel gelagert. In diesem befand sich auch, fest eingebaut, eine rückschlagsichere Startvorrichtung. Die zugehörige Andrehkurbel wurde von links in Kurbelwellenhöhe eingeführt. Auch der Antrieb für einen Generator war vorgesehen. Als Vergaser kam ein Pallas-Fallstromtyp zum Einbau, der bei niedrigstem Verbrauch gute Übergänge gewährleistete. Die Luft wurde über einen Brandfilter angesaugt, die Leitung zu den Zylindern durch die Auspuffgase beheizt. Die Schmierung war in üblicher Weise als Trockensumpfschmierung ausgebildet.

Die Luftschraube (mit Hirth-Nabe) wurde von der Kurbelwelle direkt angetrieben. Ihre Drehzahl war auf 2300 U/min festgelegt, um damit zwei Richtlinien gerecht zu werden: einerseits sollte die Luftschraube noch im günstigsten Wirkungsgradbereich arbeiten, andererseits nahm die Motorleistung mit Drehzahlsteigerung noch

Einbau des Z 90 mit großer Ölwanne in eine Klemm 25. Auf diesem Bild ist die Anordnung der Ventilstoßstangen ersichtlich, wie sie sich im Zündapp-Motorrad DS 350 wiederfanden. (Foto: Archiv Günter Sengfelder)

Der Zündapp-Flugmotor wurde in diversen Kleinflugzeugen verbaut. Wie in der Siebel-»Hummel«, einem bekannten Sport- und Reiseflugzeug jener Jahre.

Die Go 150 der Gothaer Waggonfabrik, ein Serienflugzeug, das mit zwei 50-PS-Zündapp-Flugmotoren ausgerüstet war.

Anwerfen des Zündapp-Motors in einer Erla 5 D auf dem alten Nürnberger Flughafen.

Der bekannte Pilot Fritz Auffermann startete im April 1939 mit einer Erla 5 D zu einem 20.000-Kilometer-Flug von Berlin über verschiedene orientalische Länder und wieder zurück. Hier ein Zwischenstopp in Tripolis. (Foto: Archiv Günter Sengfelder)

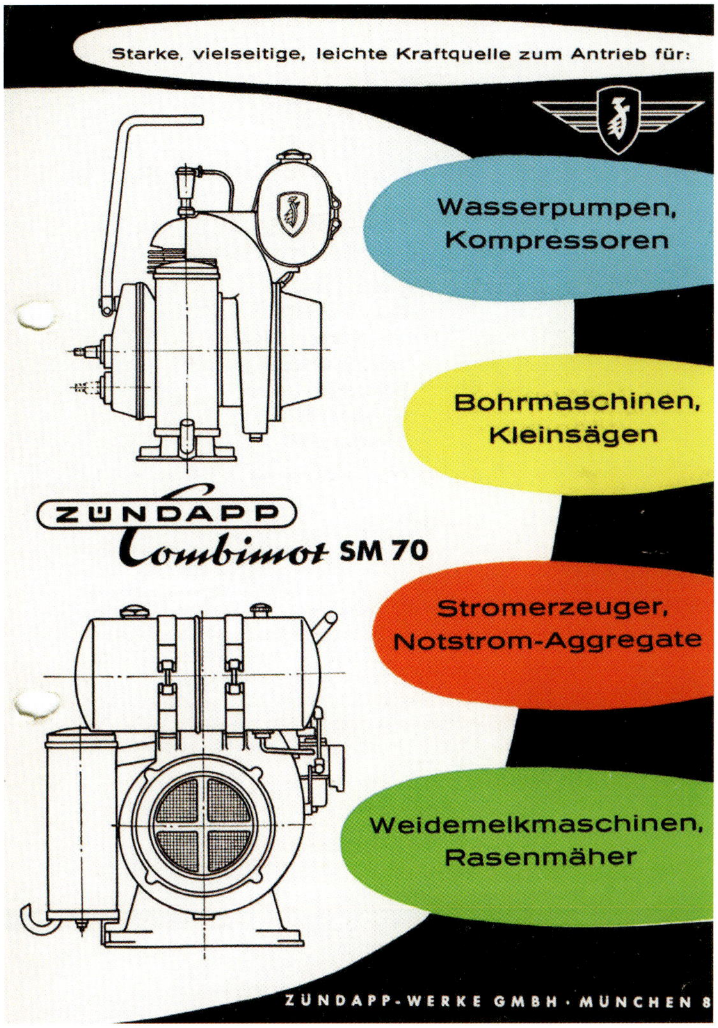

Mitte der 50er Jahre entstand im Werk München ein Stationärmotor aus dem auf 70 cm³ vergrößerten Combimot für verschiedene Verwendungszwecke.

Kleine Notstromanlagen waren wohl der häufigste Verwendungszweck für den Combimot-Aggregatmotor.

zu. Von einem Untersetzungsgetriebe wurde aus grundsätzlichen Überlegungen Abstand genommen.
Als nach Auslieferung von insgesamt 239 Motoren 1940 die Fertigung auf Anweisung des RLM zunächst gestoppt wurde, wurde auch die Weiterarbeit an der Entwicklung einer 65-PS-Version für 1941 eingestellt. Der Flugmotoren-Entwicklung verdankt das Zündapp-Wappen übrigens seine Flügel. Sie blieben ihm, auch nach dem Ende des Flugmotoren-Kapitels, erhalten.
Für verschiedene Einsatzgebiete – etwa als Notstrom- oder Pumpen-Aggregate – entstand bereits in den ersten Münchener Jahren ein 70 cm³ großer Motor. Wie einst in Nürnberg aus dem 600er-Motorrad-Motor ein Stationärmotor entwickelt worden war, so diente in der zweiten Hälfte der fünfziger Jahre ein vergrößerter Combimot-Motor als Basis. Man fand ihn häufig als Stromerzeuger. Weiterhin entwickelte man eine Baumsäge mit einem vollkommen neuen Motor, realisierte sie aber nicht, weil die Konkurrenz sowohl national wie auch international zu groß war. Die Suche nach einem zweiten Standbein für Zündapp führte zu Entwicklungen auf den verschiedensten Gebieten. So entstanden unter anderem ein elektrischer Dosenöffner sowie ein Düsenkolbenmotor als Bootsantrieb und als Hydropumpe. Auch auf dem Sektor für Geschirrspülmaschinen versuchte man sich. Letztlich wurden aber alle diese Unternehmungen wegen schlechter Absatzchancen wieder eingestellt.

Der Zündapp-Combimot SM 70, eingebaut in eine Miele-Weidemelkmaschine. (Foto: Archiv Günter Sengfelder)

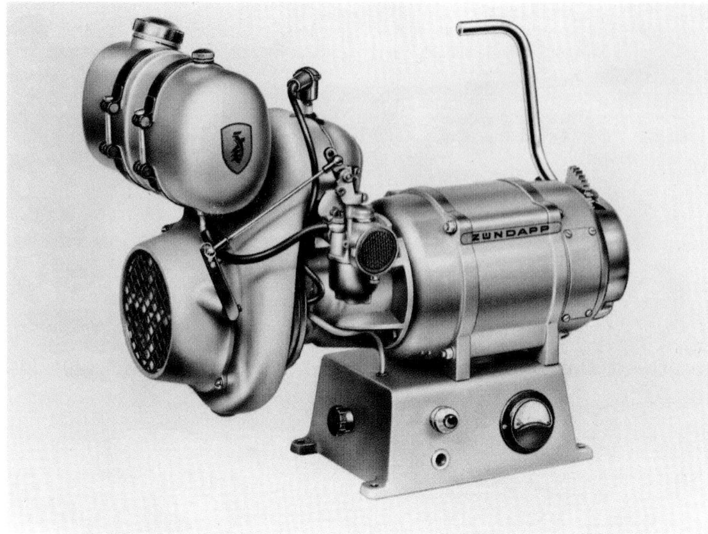

Sehr frühe Ausführung eines Stromerzeugungs-Aggregates mit dem kleinen Zündapp Zweitakt-Motor. (Foto: Archiv Günter Sengfelder)

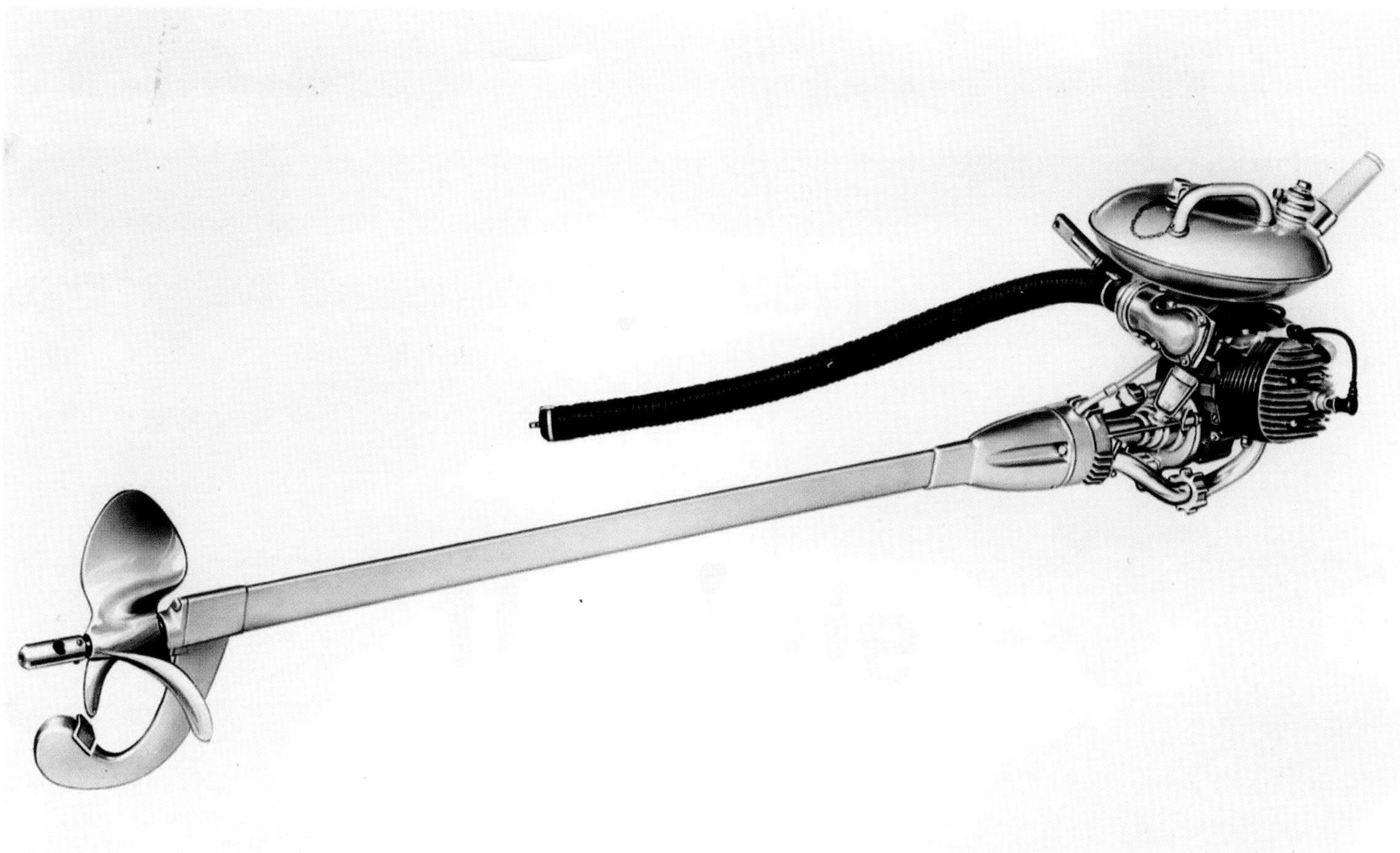

Der Seitenbordmotor »Delphin« von Zündapp in seiner ersten Ausführung 1954 mit 48 cm^3 und 1,3 PS. (Foto: Archiv Günter Sengfelder)

Bootsmotoren, Rasenmäher, Nähmaschinen

Um der Motorenentwicklung ein noch breiteres Anwendungsgebiet zu sichern, stieg Zündapp 1953 auch in die Herstellung leichter und später mittelschwerer Bootsmotoren ein. Das Programm wurde bis in die 70er Jahre hinein weiter entwickelt, zu einer Zeit, als man in München angefangen hatte, auch Rasenmäher zu bauen.

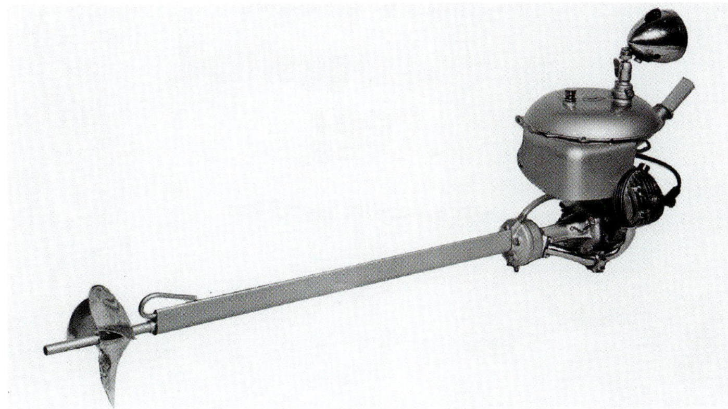

Als Zusätzliche Ausstattung konnte der Delphin mit einer Beleuchtungsanlage bestückt werden. (Foto: Archiv Günter Sengfelder)

Bootsmotoren

Bereits 1953 war auf der damals noch in Frankfurt stattfindenden IFMA neben den motorisierten Zweirädern ein neues Produkt vorgestellt worden, das sich in den folgenden Jahren unter dem Namen »Zündapp-Delphin« im Kreis der Wassersportler einen guten Ruf erwarb. Der dann ab 1954 gebaute leichte Seitenbord-Motor wurde von anfänglich 48 cm^3 mit 1,3 PS auf 70 cm^3 mit 2,3 PS vergrößert. Seine enge Verwandtschaft mit den Zündapp-Fahrzeugmotoren demonstrierte nicht zuletzt die hier zur Anwendung kommende Luftkühlung, die durch eine Sprühwasser-Kühlung unterstützt wurde. Das Kühlwasser wurde in einem Rohr durch den Steven zum Motor gedrückt und dort über den verrippten Zylinderkopf gesprüht. Durch die Sidebord-Anordnung war im Übrigen die Luftkühlung des Zylinders gewährleistet.

In der Weiterentwicklung hatte der Seitenborder, der nur als Unterstützungsantrieb gedacht war, 2,3 PS bei 4500 U/min.

Faltbootfahrer und Segler freuten sich über diesen leistungsstarken, anspruchslosen und zuverlässigen »Flautenschieber«, der immer dann einsprang, wenn der Wind mal eben Pause machte. Im »Einsatz« als Seitenborder montiert, passte er, weil für den Transport rasch teilzerlegt, ohne Probleme in den Kofferraum des Wagens. Der »Delphin« war natürlich von Haus aus ein Hilfsmotor, der zur Unterstützung der Windkraft oder zur Entlastung der Muskeln eines Falt- oder Ruderboot-Eigners bestimmt war. Er zeichnete sich durch einen recht leisen Lauf aus und belastete mit seinen 13 kg Gesamtgewicht weder das Boot noch das Transportfahrzeug sowie nicht zuletzt den, der ihn zwischen Auto und Boot hin- und hertragen musste. Ende der fünfziger Jahre begann man mit der Entwicklung eines 2-Zylinder-Außenbord-Motors mit 10 PS. Das Besondere an dieser Entwicklung war, dass der Motor auf dem Steven um 360° geschwenkt werden konnte.

1969 stellte Zündapp daher einen weiteren Bootsmotor vor. Der Außenbord-Motor Typ 304 hatte einen wassergekühlten 82 cm^2-Zweitaktmotor mit 5 PS – später mit 6 PS – und einem sehr gelungenen Finish. Er bildete wegen seiner leichten Handhabung, seines geringen Gewichts und des minimalen Kraftstoffverbrauchs eine geradezu ideale Motorisierung für kleinere und größere Boote. Er passte an Schlauch- oder Kunststoffboote. Große Gummipuffer dämpften die Schwingungen und hielten sie vom Bootskörper fern. Bei diesem vollwassergekühlten Motor besorgte eine Rotorpumpe den Wasserumlauf. Da auch die Auspuffanlage in die Ummantelung einbezogen wurde, zeichnete sich der neue Motor ebenfalls durch große Laufruhe aus. Ein durch eine Spiralverzahnung geräuscharmes Vollgetriebe ließ sich auf Vorwärtsgang, Leerlauf und Rückwärtsgang schalten, womit ein leichtes Manövrieren ermöglicht wurde. Für die Betätigung des Wendegetriebes besaß er eine Kugel-Umlenkung. Die Kühlwasserführung lag im Abgasbereich. Als Stromerzeuger diente eine Zündlichtanlage.

Einem Händlerwunsch entsprechend, entstand Anfang der 70er Jahre eine erweiterte Bootsmotoren-Reihe mit geplanten 8, 12 und 35 PS. Allerdings kam es nur zum Bau von Atrappen. Die 35-PS-Variante blieb als Museumsstück erhalten, eine Besonderheit bei diesem Modell war die auf der Welle der Schraube sitzende Wasserpumpe.

Als Standardmotor war der Delphin 303 für die Befestigung an Faltbooten mit einer Propellerwelle von 100 cm vorgesehen. Es gab aber auch Sonderanfertigungen mit längeren Wellen. Die Fertigung endete 1965.

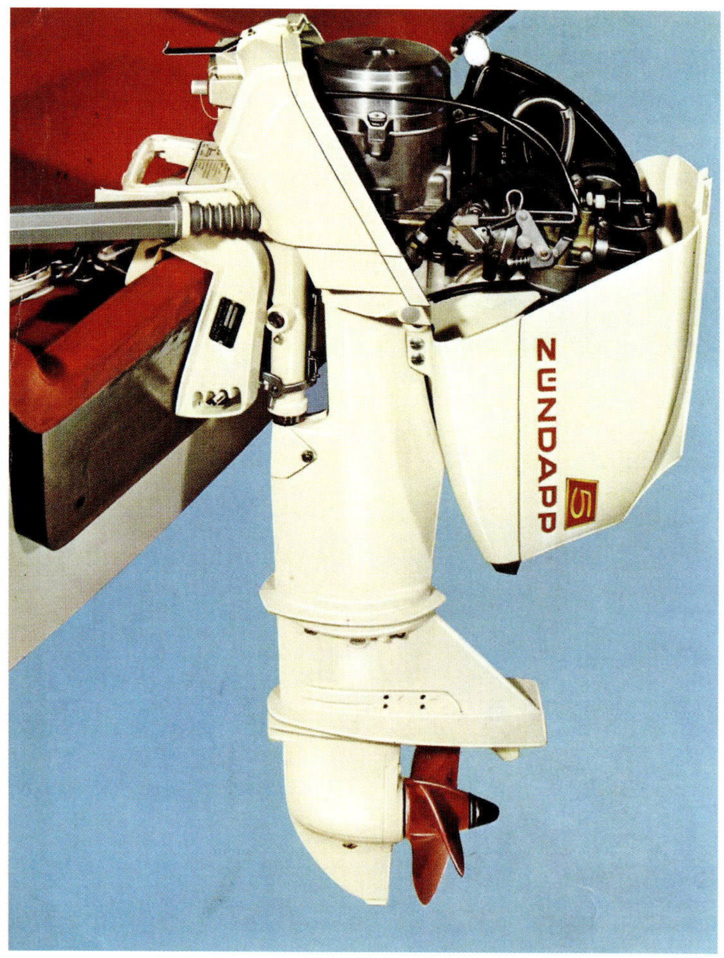

1969 stellte Zündapp einen echten Außenborder mit 5 PS vor, der in einem schicken Gehäuse saß und ideal für den Antrieb kleiner Segler oder Ruderboote war.

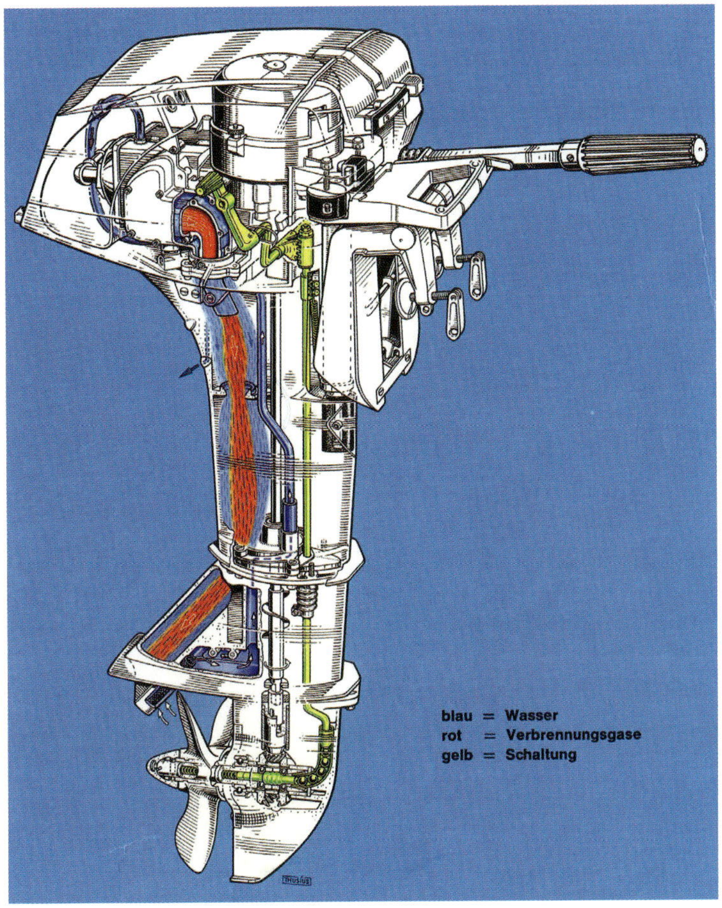

Der 82-cm³-Zweitaktmotor war eine moderne Konstruktion mit Aluminium-Druckgusszylinder und käfiggelagertem, gesenkgeschmiedetem Pleuel.

Rund 20 kg wog der Zündapp-Bootsmotor Typ 304. Für einen durchtrainierten Segler kein Problem. 1980 endete die Bootsmotoren-Fertigung bei Zündapp.

Schon 1975 machte Zündapp auf die »umweltfreundliche« Zweitaktmischung 1:50 aufmerksam. Der Motor leistete jetzt 6 PS.

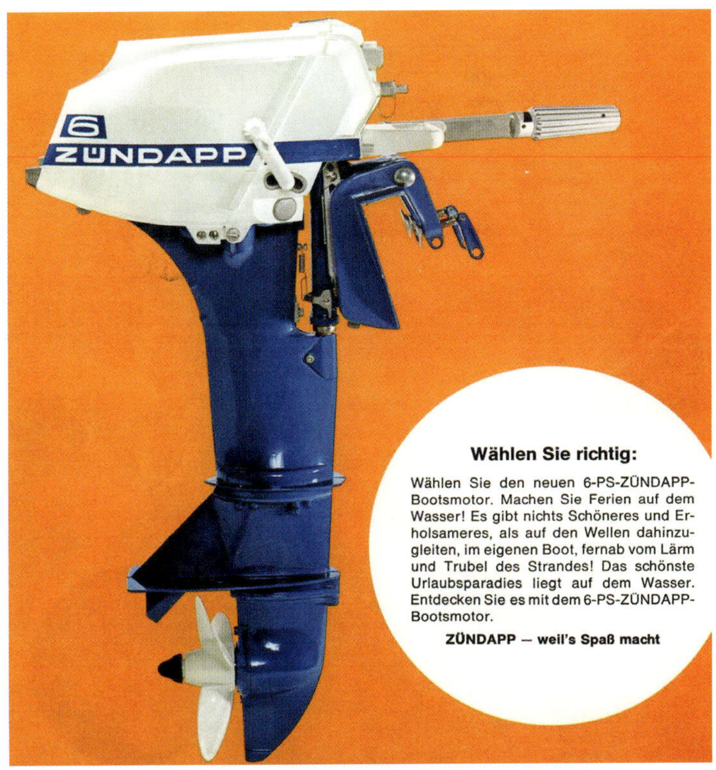

Den Bootsmotor Typ 304 gab es in vier verschiedenen Ausführungen, was die Schaftlänge und die 12-V-Wechselstrom-Lichtanlage betraf.

Rasenmäher

Ende der 60er Jahre begann im Konstruktionsbüro Nürnberg die Entwicklung für Zündapp-Rasenmäher. Eine der ersten Entwicklungsstudien war ein voll gekapselter, geräuscharmer Benzin-Motor-Rasenmäher.

Ab 1970 war man dann so weit, das Programm um Rasenmäher, das von Anfang an fünf verschiedene Modelle umfasste, zu erweitern. Dabei bildete ein gebläsegekühlter 3-PS-Zündapp-Zweitaktmotor die Antriebsquelle. Bemerkenswert an der neuen Zündapp-Rasenmäherlinie war die bislang unbekannte, geschlossene Form und die niedrige Bauhöhe von kaum 30 Zentimetern, was beim Mähen die Gefahr des Hängenbleibens unter Sträuchern, herabhängenden Ästen oder überstehenden Zierschalen verringerte.

Neben seiner »rasengerechten« Radschnellverstellung in fünf Stufen (von 2,5 bis 7 cm) bot schon die erste Serie dieser Zündapp-Neuentwicklung mit 46 cm Breite eine hohe Schnittleistung.

KM 20 (38 cm, 900 W) oder KM 50 (45 cm, 1100 W) nannte Zündapp seine Elektrorasenmäher. Rot und Gelb waren die stets erkennbaren Zündapp-Rasenmäherfarben.

Die gekapselten »Stern«-Motormäher mit 3 PS waren bei Zündapp die High-End-Geräte. Bei fünf Sternen gab es einen Elektrostarter.

MM 20 und MM 50 hießen die beiden Zweitaktrasenmäher mit je 3 PS und 38 oder 45 cm Schnittbreite.

Besonderer Wert wurde auch hier wieder auf optimale Geräuschdämpfung gelegt, noch ehe Umweltschützer auf den Plan traten. Diese Rasenmäher galten bald als »rücksichtsvolle« Helfer im Garten. Die schalldämpfende Kunststoffhaube, ein Ansauggeräuschdämpfer mit Kunststofffilter sowie ein großvolumiger Dreikammer-Schalldämpfer bewirkten einen weit unter dem damals Üblichen liegenden Geräuschpegel. Zudem machte die weitgehende Verwendung von hochwertigem, schlag- und wetterfestem Kunststoff sowie korrosionsfreiem Druckguss für Motor- und Getriebegehäuse diese Mäher pflegeleicht und witterungsunempfindlich.

1972 gesellten sich zu den Rasenmähern mit Verbrennungsmotor noch mehrere netzabhängige Elektro-Rasenmäher mit 300 und 500 Watt. Außerdem entstanden mehrere vollverkleidete Akku-Mäher mit ausgesprochen kräftigen Elektromotoren und Batterien mit hoher Kapazität.

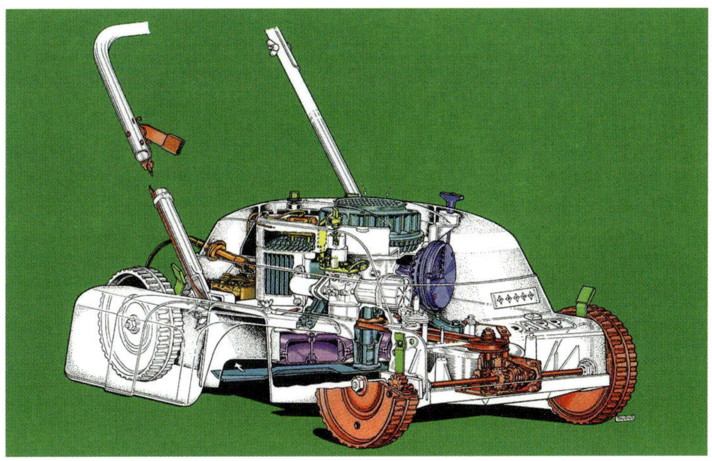

Der Fünfstern-Mäher mit dem liegenden, gebläsegekühlten Zweitaktmotor. Die Kapselung des Motors und das schallschluckende Gehäuse machten das Modell sehr leise.

1-Stern-Modell Typ 685-02 L0

ZÜNDAPP-Motor-Mäher „Standard-Modell" – solide, einfache Ausführung

Für den mittleren Privatgarten ca. 1000 qm. 3-PS-ZÜNDAPP-Zweitakt-Motor 100 ccm. Extrem leise. 2-Finger-Leichtstart. Handgeschoben. Sicherheitsgehäuse aus Druckguß. Eingegossener Wurfkanal für optimale Grasförderung. Radverstellung durch Steckachsen in 5 Stufen. 46 cm Schnittbreite.

2-Stern-Modell Typ 685-01 L0

ZÜNDAPP-Motor-Mäher – mit Radschnellverstellung und verchromtem Bügel

Für den mittleren Privatgarten ca. 1000 qm. 3-PS-ZÜNDAPP-Zweitakt-Motor 100 ccm. Extrem leise. 2-Finger-Leichtstart. Handgeschoben. Sicherheitsgehäuse aus Druckguß. Eingegossener Wurfkanal für optimale Grasförderung. Radschnellverstellung in 5 Stufen. 46 cm Schnittbreite.

3-Stern-Modell Typ 685-03 L0

ZÜNDAPP-Motor-Mäher – mit Fahrantrieb, Radschnellverstellung, verchromtem Bügel

Für größere Rasenflächen ca. 1000 qm – und mehr (auch Hanglagen). 3-PS-ZÜNDAPP-Zweitakt-Motor 100 ccm. Extrem leise. 2-Finger-Leichtstart. Vorderradantrieb. Sicherheitsgehäuse aus Druckguß. Eingegossener Wurfkanal für optimale Grasförderung. Radschnellverstellung in 5 Stufen. 46 cm Schnittbreite.

4-Stern-Modell Typ 685-04 L0

ZÜNDAPP-Motor-Mäher – mit Elektrostart, Radschnellverstellung, verchromtem Bügel

Für Gärten ca. 1000 qm Rasenfläche. 3-PS-ZÜNDAPP-Zweitakt-Motor 100 ccm. Extrem leise. 2-Finger-Leicht- und Elektrostart. Sicherheitsgehäuse aus Druckguß. Eingegossener Wurfkanal für optimale Grasförderung. Batterie und Ladegerät. Steckdose am Mäher für den Betrieb von 12-Volt-Zusatz-Gartengeräten. Handgescho-

5-Stern-Modell Typ 685-05 L0

ZÜNDAPP-Motor-Mäher „unser Spitzen-Modell" – mit Fahrantrieb und Elektrostart

Für größere Rasenflächen ca. 1000 qm – und mehr (auch Hanglagen).

Typ 686-01 L0

ZÜNDAPP-akku-Mäher 300 „Standard-Modell" – äußerst stabile Ausführung

Für den kleinen und mittleren Hausgarten bis 800 qm.

Typ 686-02 L0

ZÜNDAPP-akku-Mäher 300 S wie „Standard", jedoch Radschnellverstellung

Für den kleinen und mittleren Hausgarten bis 800 qm.

Typ 686-03 L0

ZÜNDAPP-akku-Mäher 500 S – der „Topstar" mit dem starken Doppelmotor

Für den mittelgroßen Privatgarten bis 1000 qm.

Kabellos und mit acht Modellen fuhren Zündapp-Rasenmäher bis in die 80er Jahre hinein.

Die »Zeta« war die erste elektrische Haushaltsnähmaschine von Zündapp, deren Fertigung noch in Nürnberg begann. (Foto: Archiv Günter Sengfelder)

Nähmaschinen

In den ersten Nachkriegsjahren, wo an eine Wiederaufnahme des Motorradbaus nicht zu denken war, nahm Zündapp neben dem Mühlenbau auch die Fertigung von Nähmaschinen auf. Zunächst ging es dabei um ein in Nürnberg unter Federführung von Dr. Mann entwickeltes Modell. Die Überlegungen der Geschäftsleitung waren davon ausgegangen, dass sich zu jener Zeit ein ungeheurer Bedarf an Haushaltsnähmaschinen in den westlichen Zonen zeigte – umso mehr, als eine Reihe alteingesessener Nähmaschinenfabriken in der Ostzone ansässig waren und für die Belieferung des Westens vorläufig nicht in Frage kamen.

»Wir wollten« so sagte Dr. Mann am 17. Dezember 1948, als das erste fertige Modell der neuentwickelten Nähmaschine der Öffentlichkeit vorgestellt wurde »den ausgebombten und zu uns gekommenen Flüchtlingen helfen, einerseits bei der Wiedereinrichtung ihres Haushalts, andererseits um ihnen die Möglichkeit zu geben, in Heimarbeit und Kleingewerbe der textilverarbeitenden Industrie neue Existenzbasen zu schaffen.«

Das präsentierte Modell ZETA – Verbraucherpreis 510 D-Mark – war seinerzeit die einzige transportable elektrische Maschine, die in Westdeutschland hergestellt wurde.

Freilich war dem weiteren Ausbau der Nähmaschinenfertigung in Nürnberg durch die ständig zunehmende Ausweitung der Motorradfertigung Grenzen gesetzt. Das war der Grund, dass die Geschäftsleitung dem Vorschlag Dr. Manns entsprach, unter seiner Leitung in München der weiteren Nähmaschinen-Entwicklung und -Fertigung in einem Zündapp-Zweigwerk den erforderlichen Raum zu geben.

Das Münchner Werk wurde am 11. September 1950 gegründet, und von da ab lief die Firmengeschichte gleichsam zweispurig.

Die Gesamtfertigung von Motorrädern, Müllerei- und Nähmaschinen hatte schon 1949 einen Umfang angenommen, der das Nürnberger Unternehmen an die Kapazitätsgrenzen stoßen ließ. Der Mühlenbau wurde 1952 in die Schweiz verkauft.

1950 kam die elektrische Koffer-Nähmaschine ELCONA auf den Markt, deren moderne Form und Farbigkeit richtungsweisend für die

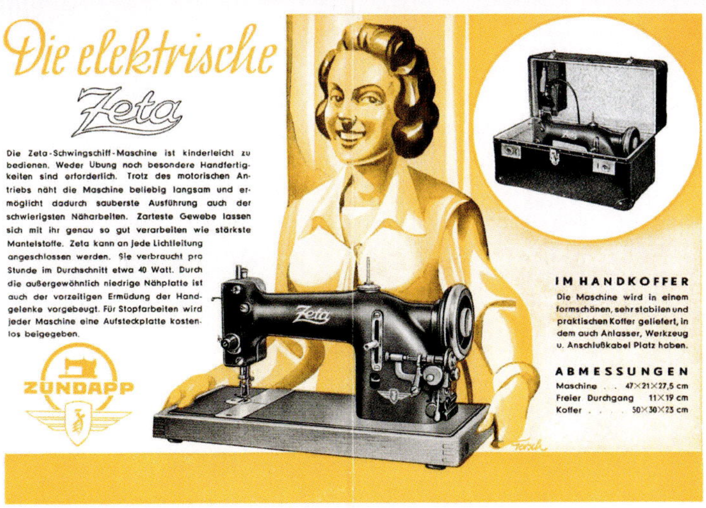

Die Zeta-Nähmaschine war als transportables Koffergerät …

… oder mit Versenktisch lieferbar.

Branche war. Ein eigenes Zweigwerk in Hohenlinden lieferte auch Nähmaschinenmöbel, und das Programm umfasste schließlich alle Typen von elektrisch- und fußgetriebenen Haushaltsnähmaschinen. Die Zündapp Elcona wurde 1954 mit dem IF Produkt-Design-Award ausgezeichnet und war damit eines der ersten Produkte, die diese Auszeichnung erhielten.
Die Nähmaschinen von Zündapp wurden weiter entwickelt und bis 1963 in München gebaut. Dann wurde die gesamte Produktionseinrichtung nach Spanien verkauft.

Die Elcona-Modelle ZR 18a (links, Geradstich) und ZR 118a (Zick-Zack) in einem Prospekt von 1954.

Die weiterentwickelte Geradstich-Maschine ZR 18 B von 1957. Die Elcona ZR 18-Maschinen konnten durch nachträglichen Einbau in Zick-Zack-Modelle ZR 118 umgewandelt werden. (Foto: Archiv Günter Sengfelder)

»Elcona« nannte Zündapp seine zweite Nähmaschinen-Serie, die es wieder in verschiedenen Ausführungen für Koffer und Versenktisch gab.

Eine Weltmarke wird verramscht

Bevor die Karcher AG im Jahre 2017 begann, in Deutschland Motorräder und Roller mit dem Zündapp-Symbol am Tank anzubieten, hatte die einst traditionsreiche Marke aus Nürnberg und München nach dem Konkurs 1984 ein bewegtes und eher trauriges Leben hinter sich. Dabei hatten es die Chinesen einst ernst gemeint…

T.B.I. kauft Zündapp

Zündapp hatte sich als Marke etabliert, die bis in den nahen und fernen Osten einen guten Klang hatte. Nach einem gescheiterten 15-Millionen-Deal mit dem Iran kaufte die Tianjin Bicycle Industry Corp, kurz T.B.I., im Herbst 1984 die gesamten Produktionsanlagen inklusive aller technischer Unterlagen für 16 Millionen D-Mark. China importierte 1984 rund 300.000 Motorräder aus Japan und strebte eine Versorgung dieses Bedarfes aus eigener Fertigung an. Ein Bestandteil dieses Planes war die Errichtung eines Motorradwerkes in der 7,8 Millionen Einwohner zählenden Hafenstadt Tianjin, der damals drittgrößten Stadt Chinas.

Josef Stangl und Armin Drebes hießen die Zündapp-Leute, die den Chinesen ab November 1984 für die Umsetzung des Vorhabens, die Zündapp-Werksanlagen 1:1 in Tianjin wieder aufzubauen, unter die Arme griffen. Nicht zuletzt ging es darum, technische Zeichnungen und EDV-Vorgänge zu erläutern, aber auch die neuen Besitzer mit Zulieferern wie Bosch, Magura oder Bing zusammen zu bringen.

Schon 1954 versuchten sich die Chinesen mit dem Modell »Friedenstaube« an einem Zündapp-Nachbau.

Anfang Januar 1985 traf ein Team von 100 Mitarbeitern einer Pekinger Demontagefirma samt Köchen und eigenem Arzt in München ein, die im eigens eingerichteten Containerdorf auf dem Zündapp-Parkplatz untergebracht wurden. Per Luftfracht, Bahn und Schiff wurden 20 000 Tonnen Material auf die 8 000 Kilometer

Montage der KS 80 (mit Drahtspeichen-Rädern) im chinesischen Tianjin.

(Luftlinie) lange Reise geschickt. Mitte April 1985 war die letzte Schraube verpackt!
Knapp zwei Jahre später rollten die ersten K 80 und KS 80 vom wiedererrichteten Montageband. Im Markensymbol stand »Xun Da« statt Zündapp, was so viel wie guter Weg bedeutete.
In Deutschland und Europa war der 80er Markt zu dieser Zeit schon zusammengebrochen, was die Chinesen für ihren Inlandsbedarf wenig störte. Dennoch stellten sie zu Beginn der 90er Jahre die Fertigung auf japanische Lizenzen um.

Josef Stangl mit chinesischen Technikern am neu aufgebauten Zündapp-Montageband.

Zündapp Madras CS 25. Das in Indien gebaute Mofa konnte mit der Münchner Zündapp-Qualität nicht mithalten.

Das begehrte Zündapp-Logo

Nach dem Zündapp-Vergleich ließ sich die Eicher Motors LTD Madras, Indien, 1988 ein nahezu identisches Warenzeichen mit dem Namen Zündapp für Kraftfahrzeuge beim Deutschen Patent- und Markenamt (DPMA) als Markenzeichen eintragen. Danach fertigte die Firma in Madras das Mofa CS-25 und das Moped CS-50 unter dem Namen »Zündapp Enfield« bis in die 1990er-Jahre. Die Maschinen kamen auch nach Europa, waren aber wegen ihrer vergleichsweise schlechten Fertigungsqualität wenig beliebt. 1998 wurde die Markeneintragung gelöscht.

Die Simon Hagl GmbH aus München hatte 1984 das Ersatzteillager der Zündapp-Werke übernommen und ließ sich 1994 den Namen als Wort-Bild-Marke für den Vertrieb der Ersatzteile eintragen. Die Firma bietet bis heute Fahr- und Triebwerksteile für Zündapp-Maschinen an.
Die Hans-Peter Hommes Zündapp Verwaltungsgesellschaft mbH stellt unter dem Markennamen Ersatzteile und Zubehör für Fahrzeuge von Zündapp, BMW und anderen Herstellern her und hat dafür und für den Zündapp-Reparaturdienst 1999 diese Wort-Bild-Marke eintragen lassen. Heute ist Hommes Spezialist für die schweren Wehrmachtsgespanne BMW R 75 und Zündapp KS 750.

Fantic-Zündapp

Der Markenname gelangte 2009 in die Hände von Otmar Muther im österreichischen Nüziders. Er besorgte die Modelle Fantic Caballero RC 50/80 aus Italien und verkaufte sie 2009/10 als Zündapp Racing-GS 50 und GS 80. Diese Off-Road-Modelle verfügten über einen Chrom-Molybdän-Rahmen, eine Marzocchi-Vorder- und Hinterradaufhängung, einen Dell`Orto-26-Racing-Vergaser und ein Tomaselli-Lenkrad. Der Motor war der Minarelli-Typ P6. Die Zündapp Racing-Modelle waren also reine Fantic Caballero mit Zündapp-Logo. Sie wurden sowohl als echte Sportmaschinen, als auch mit gedrosseltem Motor und den nötigen Accessoires für den Straßenverkehr angeboten.
In Deutschland kümmerte sich die Zündapp-Manufaktur Bad Birnbach um den Vertrieb der Maschinen, setzte noch eine GS 125 und eine GS 200 für die Straße oben drauf. Billig waren die Maschinen nicht: »Zündapp GS 50 Racing factory« rennfertig 5290 Euro; »Zündapp GS 80 Racing factory« rennfertig 6490 Euro; »Zündapp GS 50 Racing replica« 2990 Euro. Plus Überführungskosten wohlgemerkt. In deutschen Motorradkatalogen sucht man vergeblich nach

Mit ähnlichem Fahrwerk aber modernen Vierventil-Viertaktern waren auch reine Straßenenduros mit 125 und 200 cm³ erhältlich.

diesen Modellen. In Internetforen tauchen sie aber bei verschiedenen Besitzern auf, die sich durchaus positiv über die Qualität ihrer Maschinen äußern.

Zündapp-Fahrräder

Die im vorangehenden Abschnitt genannte Zündapp-Manufaktur bot parallel zu den GS-Maschinen auch zwei Fahrradmodelle an. Ein hochwertig bestücktes Mountainbike und ein unkonventionelles Elektrobike mit einem Radnabenmotor im Vorderrad.

2014 tauchte Zündapp – mit dem klassischen Emblem und hergestellt von der MIFA (Mitteldeutsche Fahrradwerke in Sangerhausen) – als Vertriebsmarke für Fahrräder im Niedrigpreissegment und für Zubehör wie zum Beispiel Sturzhelme in verschiedenen Supermarktketten auf. Bis heute werden alle gängigen Fahrrad-Typen, inklusive E-Bikes auch unter der Marke Zündapp angeboten. Dabei wirbt der Vertrieb auch noch mit der Zündapp-Tradition seit 1917 und der hohen Qualität der Produkte. Die der Fahrradkäufer – nach Testberichten zu urteilen – nur bedingt erwarten kann.

Die Zündapp-Manufaktur Bad Birnbach bot um 2009 herum ältere Fantic-Zweitaktmaschinen mit Zündapp-Aufklebern an.

Neben den Geländesport-Motorrädern bot die Zündapp-Manufaktur Bad Birnbach auch zwei Fahrradmodelle an.

Ein vollgefedertes, gut ausgestattetes 24-Zoll-Mountainbike für 275 Euro … (Foto: Pentagon Sports)

… oder ein Elektro-Citybike für 750 Euro. Konnte da wirklich Zündapp-Qualität erwartet werden? (Foto: Pentagon Sports)

Da gibt es nichts zu meckern. Die ZXE 125 hat als Enduro in diesem Segment alles, was ein Bike braucht. Mit kleineren Rädern auch als Supermoto zu haben.

Die Zündapp ZXS 125 Scrambler gibt es in den Versionen Classic und Sport – und als Malaguti Monte 125 pro.

Die Zündapp-Zweiräder der Karcher AG

Zufall oder nicht: 100 Jahre nach der Zündapp-Gründung begannen die Zündapp Vertriebsgesellschaft in Gadebusch und die Karcher AG in Birkenfeld mit dem Deutschlandvertrieb neuer Zündapp-Motorräder. Oder besser gesagt, mit dem Vertrieb von Motorrädern mit aufgeklebten Zündapp-Schriftzügen und -Emblemen. Mit sechs Grundmodellen, darunter ein Roller – allesamt 125er – ging Karcher damals an den Start. Die badische Firma hatte bereits einige Erfahrungen mit dem Vertrieb motorisierter Zweiräder gemacht, etwa mit den Marken Keeway, Asiawing oder Benelli. Bei allen neuen Zündapp-Motorädern begann die Typenbezeichnung mit »ZX«. Dazu kam ein »A« für »Adventure«, ein »C« für »Cruiser«, ein »E« für »Enduro«, ein »M« für »Supermoto« und ein »S« für »Scrambler«. Bis auf die »ZXC 125 Classic« wurden alle Maschinen von einem modernen, wassergekühlten Viertaktmotor mit zwei obenliegenden Nockenwellen und Vierventiltechnik angetrieben, der mit Unterstützung von Piaggio bei Zongshen in China gebaut und an verschiedene Hersteller geliefert wurde. Das galt auch für die Motorräder selbst. So konnten die Zündapp-Modelle auch als Malaguti, Aprilia oder Mondial geordert werden – manchmal mit leicht abweichenden Ausstattungen und immer mit stark abweichenden Preisen. So kostete die Mondial SMX 125i Enduro im Jahre 2018 3495 Euro und die Zündapp ZXE 125 Enduro 3990 Euro. Für 2020 schraubte Karcher die Preise deutlich herunter. Da hatte man den ungeliebten Chopper schon längst aus dem Programm genommen und durch die Zündapp »ZXN 125 Naked« ersetzt.

Eine Besonderheit im neuen Zündapp-Programm war zweifellos der Roller »Bella R 125«. Der hatte zwar mit den guten alten Bella-Rollern so gar nichts gemein und wurde in China gebaut, erhielt aber in Sachen Fahrleistungen, Komfort und Handling ausgezeichnete Kritiken. Das galt übrigens durchaus auch für die oben genannten 125er Motorräder, allen voran die »Adventure 125«. In ähnlicher Optik war ab 2019 auch ein 50er Roller, der selbstverständlich »Bella R 50« hieß, mit Viertaktmotor zu haben. Und »Zündapp C 19« heißt ein sportlich gestyltes Rollermodell mit dem gleichen 3,9-PS-Motor. Kräftigere 4,7-Zweitakt-PS hat dagegen die im seltenen Kleinkraftrad-Segment angebotene »ZXE/ZXM 50« als Enduro oder Supermoto mit einem sehr guten Preis-Leistungsverhältnis.

Die Zündapp ZXA 125 Adventure ist eine feine kleine Reiseenduro, die es in verschiedenen Ausführungen, u. a. mit kleineren Gussrädern, gibt.

Den neuen Zündapp Bella-Roller im klassischen Vespa-Design gibt es mit 50 oder 125 cm^3. Den neuen Zündapp Bella-Roller im klassischen Vespa-Design gibt es mit 50 oder 125 cm^3.

Inzwischen eine seltene Erscheinung im 50er Kleinkraftrad-Segment: Zündapp ZXE 50 mit Zweitakt-Motor.

Eine »nackte« komplettiert das 125er Zündapp-Programm des Jahrgangs 2020: Die ZXN 125 für 3.690 Euro.

Ein modern gezeichneter Allerweltsroller mit Zündapp-Aufkleber im Kleinkraftrad-Segment: Der C 19.